T

Te

**APPLE
TART**

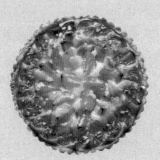

**APRICOT
TART**

**HONEY LEMON & CHEESE
TART**

**SESAME
TA**

**PINEAPPLE & COCONUT
TART**

**RED FRUITS & CUSTARD
CREAM TART**

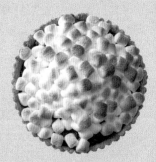

**S'MORE
TART**

**BANANA CHOCOLATE
TART**

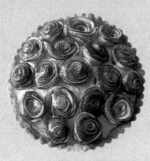

**APPLE ROSE
TART**

**MANGO ROSE
TART**

**FIG & MA
CHEES**

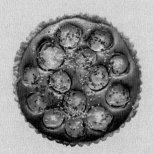

& GINGER
RT

PEAR & EARL GREY TEA
TART

SWEET POTATO & BROWN
SUGAR TART

MATCHA GREEN TEA &
CHESTNUT TART

BUTTER CRUST FRUITS
TART

OIL CRUST FRUITS
TART

MONT BLANC
TART

CARPONE
E TART

KIWI FRUIT & YOGURT
TART

PISTACHIO & CHOCOLATE
TART

KEY LIME
PIE

PIE & TART

파이와 타르트

후쿠다 준코 지음 | 이소영 옮김

WILLSTYLE

들어가며

대표적인 서양식 과자, '파이'와 '타르트'.
하지만 만들기는 쉽지 않아 보이죠.
'섞어서 구우면 뚝딱 완성'은 아니지만,
그래도 조리법은 단순해요. 특별한 테크닉이 필요 없답니다.
기본에 충실하면 누구나 멋지게! 달콤하게! 완성할 수 있어요.

타르트 팬 하나만 준비하세요.
기본 조리법만 익히면 속 재료를 달리하거나 모양을 바꾸는 것만으로
레퍼토리가 정말 다양해지지요.

이 책에서는 정석대로 버터를 넣은 반죽 이외에,
오일로 만든 반죽도 소개합니다.
버터를 넣느냐, 오일을 넣느냐에 따라 반죽의 풍미와 식감이 달라집니다.
조리 순서가 간단해지고 냉동 보관이 가능해지는 등 장점도 서로 다릅니다.
각각의 특징은 본문 중 '이 책의 특징'에 정리해두었습니다.
기분에 따라, 취향에 따라, 용도에 따라 다르게 활용해보세요.
양쪽 모두 장점이 있고 또 맛있습니다.

그리고 처음 한 번은 꼭 책의 레시피 그대로 따라서 만들어보세요.
레시피 속 비결을 익힌 뒤에 자유롭게 활용하며 요리를 즐기면 됩니다.
기본 반죽은 튀는 맛이 없어서 어떤 재료와도 잘 어울립니다.
계절별 과일, 초콜릿과 크림, 너트류….
좋아하는 재료를 조합해서 나만의 타르트와 파이를 만드는 것도 재미있겠지요.
큰 팬에 구운 타르트와 파이는 모습도 화려해서 손님 접대용으로도 정말 좋아요.
봄, 여름에는 상큼하고 시원한 맛으로,
가을, 겨울에는 부드럽고도 깊은 맛으로
일 년 내내 파이와 타르트를 즐겨보세요.

후쿠다 준코

이 책의 특징

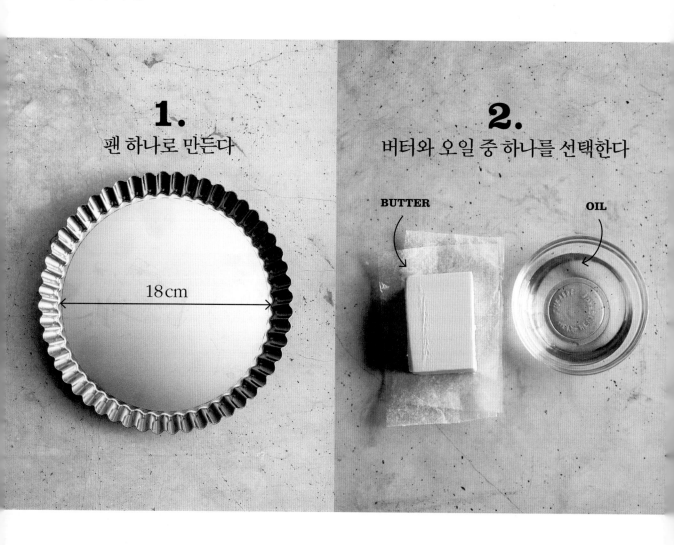

1.
팬 하나로 만든다

18cm

2.
버터와 오일 중 하나를 선택한다

BUTTER

OIL

타르트도, 파이도 지름 18cm의 타르트 팬 하나로 만듭니다. 파이를 구우려면 파이접시가 필요하지 않냐고요? 반죽 가장자리를 말아 접으면 타르트 팬으로도 맛있고 예쁜 파이를 구울 수 있습니다.

또 타르트 반죽을 미리 구울 때 타르트 스톤(중석)을 올리는 것이 일반적이지만 이 책에서는 알루미늄 포일을 사용합니다. 타르트 스톤 없이도 예쁘게 굽는 방법을 소개합니다.

● 버터 반죽
· 향긋하고 풍미 깊은 반죽이 됩니다.
· 냉장 보관, 냉동 보관이 가능해서 시간 날 때 미리 만들어둘 수 있습니다.
· 온도 관리 및 휴지 시간이 필요합니다.

● 오일 반죽
· 팬에 잘 묻어나지 않아 설거지가 편합니다.
· 묵직하지 않고 산뜻한 반죽이 됩니다.
· 온도 관리나 휴지 시간이 따로 필요 없으며 금방 만들 수 있습니다.
· 반죽 보관은 어렵습니다.

BUTTER TART

OIL TART

3.
2개의 식감을 즐긴다

BUTTER PIE

OIL PIE

타르트도, 파이도 버터와 오일, 각각의 반죽으로 다른 식감을 즐길 수 있습니다.

● 버터 반죽
보슬보슬 부서지는 기분 좋은 식감. 수분이 많은 속 재료를 쓴 경우를 제외하면, 구운 후 시간이 갈수록 맛있어지므로, 다음 날까지 맛있게 즐길 수 있습니다.

● 오일 반죽
바삭바삭한 식감. 산뜻하고 가벼운 맛이 나며, 수분이 많은 속 재료를 사용해도 바삭한 식감이 오래갑니다.

이 책은 왼쪽 페이지에 '버터 레시피', 오른쪽 페이지에 '오일 레시피'를 실었습니다. 취향에 따라 각각의 특징을 즐겨보세요.

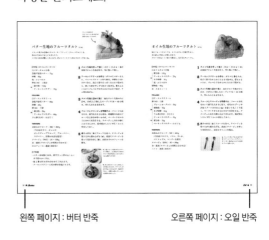

왼쪽 페이지 : 버터 반죽   오른쪽 페이지 : 오일 반죽

Contents

■ = Butter ● = Oil

TART 타르트

PIE 파이

【 일러두기 】

· 1큰술 = 15㎖, 1작은술 = 5㎖, 1컵 = 200㎖ 입니다.

· 계란은 M사이즈를 사용했습니다.

· 오븐의 굽기 시간과 온도는 레시피를 기준으로 삼되, 기종마다 차이가 있으므로 상태를 살피며 조절해주세요.

· 술이 들어간 레시피에서는 술 대신 동량의 물이나 우유로 바꿀 수 있습니다.

· 오일 반죽은 별도 보관할 수 없으나 버터 반죽은 냉장 또는 냉동 보관이 가능합니다 (P.51).

  보관 시 랩에 싼 후 지퍼백 등에 넣어 반죽이 마르거나 냄새가 배지 않도록 합니다.

· 설탕은 종류에 따라 식감과 풍미가 다르므로 취향껏 고르면 됩니다 (P.94).

Part.1
TART

고소한 버터 반죽과 바삭한 식감의 오일 반죽.
과일이나 초콜릿을 듬뿍 올려 화려하게 완성한 타르트입니다.
재료를 올려서 같이 굽는 타입과
구운 후 장식하는 타입이 있습니다.

Butter **TART**

기본 버터 타르트 사과 타르트 (P.10)

고소한 버터를 넣은 기본적인 타르트.
사과는 산미가 있는 홍옥을 추천합니다.
껍질째 사용하면 붉은빛이 남아 보기에도 좋고 식감도 즐겁습니다.

1. 버터 반죽 만들기

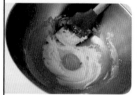

볼에 버터를 넣고 고무주걱으로 으깬다. 설탕, 소금, 계란 노른자 순서로 넣으며 그때마다 매끄러워지게 섞는다.

2.

A를 섞어 반만 체 쳐서 넣은 다음, 가루기가 없을 때까지 섞는다.

3.

나머지 **A**를 체 쳐서 넣고 가루기가 없을 때까지 섞다가 손으로 한 덩어리를 만든다.

※ 너무 많이 주무르면 반죽이 딱딱해진다. 덩어리로 만든 후에는 필요 이상으로 만지지 않는다.

4. 휴지하기

반죽을 둥글고 평평하게 만들어 랩으로 싸고, 냉장고에서 1시간 이상 휴지한다.

※ 이 시간 동안 반죽 속의 가루 재료, 수분, 유분이 한데 어우러진다. 가능하면 하룻밤 정도 두는 것이 이상적이다.

5. 성형하기

타르트 팬에 솔을 이용해 녹인 버터(분량 외)를 얇게 바르고 냉장고에 넣어둔다.

※ 버터 바른 팬은 냉장고에 차갑게 두면 반죽을 넣기가 수월하다.

6.

작업대와 반죽에 강력분(분량 외)을 흩뿌린다. 밀대로 밀어 5mm 두께가 되게, 타르트 팬보다 조금 큰 원형으로 편다.

※ 이 과정은 빨리 진행하고, 반죽이 부드러워지면 냉장고에 차게 둔다.

7. 팬에 깔기

반죽이 팬에 딱 붙도록 깔고 팬 위에 밀대를 굴려서 삐져나온 반죽을 잘라낸다.

※ 잘라낸 반죽은 쿠키로. 자투리 반죽을 모아 둥글게 만든 후 눌러서 모양을 낸다. 170℃의 오븐에서 15~20분간 굽는다.

8.

가장자리를 따라 한 바퀴 손으로 눌러주고 팬보다 5mm 정도 튀어나오도록 높이를 다듬는다. 냉장고에서 30분 이상 휴지한다.

※ 구우면 수축하므로 팬 위로 살짝 삐져나오는 높이가 좋다.

【 재료 】 지름 18cm의 타르트 팬 1개 분량

◎ 버터 타르트 반죽
무염버터 … 75g
설탕 … 50g
소금 … 한 자밤
계란 노른자 (M) … 1개 분량
A ┌ 박력분 … 110g
   └ 아몬드파우더 … 15g

FILLING

◎ 아몬드 크림
무염버터 … 45g
설탕 … 45g
계란 (M) … 1개
B ┌ 박력분 … 15g
   └ 아몬드파우더 … 45g
럼주 (P.19) … 2작은술

TOPPING

사과 (홍옥) … 1개
무염버터 … 5~10g
살구 잼 (P.95) … 적당량

【 준비 】

· 버터는 손가락으로 누르면 들어갈 정도가 되게
  실온에 꺼내둔다.
· A와 B는 각각 두 번 체에 친다.
· 아몬드 크림용 계란은 실온에 꺼내둔다.

Memo

여름에는 버터를 오래 꺼내두면 너무 부드러워
질 수 있으므로 주의한다. 추운 계절에는 버터
를 잘게 잘라 40℃의 물에서 중탕하거나 전자
레인지에서 30초씩, 상태를 보아가며 데운다.

---

9. 굽기

반죽의 바닥면에 포크로 구멍을
내고 가장자리에 알루미늄 포일
을 두른다. 170℃로 예열한 오븐
에서 15분간 굽고, 포일을 벗겨서
(뜨거우므로 조심한다) 5~10분간
더 구운 후 한 김 식힌다.

10. 아몬드 크림 만들기

볼에 버터를 넣어 고무주걱으로
으깬 다음, 설탕을 넣어 거품기로
젓는다. 공기를 머금어 폭신해질
때까지 잘 젓는다.

11.

풀어놓은 계란을 조금씩 넣어가
며 젓는다.

※ 버터와 계란은 한꺼번에 넣으면
잘 섞이지 않는다. 계란이 차가워
도 잘 섞이지 않으므로 실온에 꺼내
놓는다.

12.

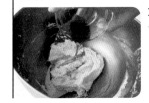

B를 체 쳐서 넣고 고무주걱으로
섞다가 럼주를 넣는다.

13. 타르트 속 채우기

사과는 세로로 4등분하여 씨와 심
을 제거하고 2~3mm 두께로 썬
다. 12를 반죽 위에 채우고, 사과
를 세워서 둥글게 꽂는다.

14.

사과를 한 방향으로 눕히고 표면
에 녹인 버터를 솔로 바른다.

※ 사과를 세워 올린 후 한 번에 눕
히면 빈틈없이 예쁘게 채울 수 있다.

15. 굽기

170℃로 예열한 오븐에서 30~40
분간 구운 후, 팬째 식힌다. 다 식
으면 데운 살구 잼을 솔로 바른다.

※ 살구 잼을 바르면 타르트가 마르
지 않고 윤기가 난다.

16. 팬에서 꺼내기

그릇 등에 올려 팬을 분리하여 꺼
낸다.

Oil TART

기본 오일 타르트 살구 타르트 (P.11)

가벼운 오일을 넣어 바삭한 식감이 나는 오일 타르트.
아몬드 크림은 요구르트를 넣어 상쾌합니다.
살구를 듬뿍 올려 구워보세요.

1. 오일 반죽 만들기

볼에 **A**를 넣고 거품기로 섞는다.

2.

식물성 오일을 흩뿌려 넣고 손으로 섞는다.

3.

손으로 비벼서 보슬보슬한 상태로 만든다.

※ 오일이 가루 재료에 잘 스며들도록 손으로 비벼서 소보로 상태로 만든다.

4.

물을 넣고 한 덩어리로 만든다.

※ 계절, 습도에 따라 반죽 상태가 달라진다. 반죽이 덩어리지지 않으면 물을 조금 더 넣는다.

5. 성형하기

타르트 팬에 식물성 오일(분량 외)을 얇게 바른다.

6.

반죽을 랩 사이에 넣고 밀대로 밀어 4mm 두께가 되게, 타르트 팬보다 조금 큰 원형으로 편다.

※ 반죽을 돌려가며 밀면 균일한 두께로 펴기 쉽다.

7. 팬에 깔기

위쪽의 랩을 벗기고 반죽을 뒤집어 팬 위에 씌운다.

8.

반죽이 팬에 딱 붙도록 깔고 팬 위에 밀대를 굴려서 삐져나온 반죽을 잘라낸다.

※ 자투리 반죽은 모아서 쿠키로 만든다(P.12의 **7** 참고).

【 재료 】 지름 18cm의 타르트 팬 1개 분량

◎ 오일 타르트 반죽

A
박력분 … 120g
아몬드파우더 … 25g
수수설탕 … 30g
소금 … 두 자밤

식물성 오일 … 40g
물 … 1~2큰술

FILLING

◎ 아몬드 크림

B
계란 (M) … 1개
플레인 요구르트 … 30g
식물성 오일 … 20g
수수설탕 … 30g
럼주 (P.19) … 2작은술

C
아몬드파우더 … 50g
박력분 … 15g
베이킹파우더 … ¼ 작은술

TOPPING

살구 (통조림, 2등분된 것) … 240g (정미)
살구 잼 (P.95) … 적당량
피스타치오 … 적당량

【 준비 】

· 살구는 반으로 잘라 키친타월로 물기를 제거한다.

9.

나머지 랩을 벗긴다. 가장자리를 따라 한 바퀴 손으로 눌러주고 팬보다 5mm 정도 튀어나오도록 높이를 다듬는다.

※ 구우면 수축하므로 팬 위로 실찍 삐져나오는 높이가 좋다

10. 굽기

반죽의 바닥면에 포크로 구멍을 내고 가장자리에 알루미늄 포일을 말아 가볍게 두른다.

※ 알루미늄 포일을 두르면 타르트 스톤 없이도 반죽을 예쁘게 구울 수 있다. 포일을 너무 타이트하게 감으면 반죽에 들러붙으므로 조심한다.

11.

170℃로 예열한 오븐에서 10분간 굽고, 포일을 벗겨서 (뜨거우므로 조심한다) 10분간 더 구운 후 한 김 식힌다.

※ 블라인드 베이킹(타르트에 필링을 붓기 전에 시트를 먼저 굽는 과정)이므로 가볍게 살짝 구워지면 OK.

12. 아몬드 크림 만들기

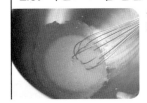

볼에 **B**를 넣어 거품기로 매끄럽게 섞는다.

13.

C를 체 쳐서 넣고 고무주걱으로 잘 섞는다.

14. 타르트 속 채우기

13을 타르트 반죽 위에 붓는다.

15.

살구를 바깥쪽에서부터 둥글게 놓는다.

16. 굽기

170℃로 예열한 오븐에서 40~50분간 굽는다. 타르트가 식으면 데운 살구 잼을 솔로 바르고, 다진 피스타치오를 흩뿌린다. P.13의 **16**과 같이 팬에서 꺼낸다.

※ 보관은 P.51 참고. 굽지 않은 오일 반죽은 시간이 지나면 기름이 표면에 떠올라 굳어버리므로 따로 보관할 수 없다.

허니레몬 치즈 타르트 (P.16)

사박사박 타르트 반죽 위에 농후한 치즈 크림을 채웠습니다.
크림치즈에 레몬 껍질 간 것과 레몬즙을 넣어,
산미를 확 끌어올린 상큼한 디저트입니다.

【 재료 】 지름 18cm의 타르트 팬 1개 분량

◎ 버터 타르트 반죽

무염버터 … 75g
설탕 … 50g
소금 … 한 자밤
계란 노른자 (M) … 1개 분량
A ┌ 박력분 … 110g
  └ 아몬드파우더 … 15g

FILLING

◎ 치즈 크림

크림치즈 … 200g
설탕 … 30g
꿀 … 20g
  ┌ 생크림 … 100㎖
  │ 계란 (M) … 1개
B │ 레몬즙 … 1큰술
  │ 레몬 껍질 간 것 … ½개 분량
  └ 옥수수전분 … 1큰술

TOPPING

◎ 레몬 꿀 절임

  ┌ 레몬 … 1개
  └ 꿀 … 2큰술
꿀 … 적당량

【 준비 】

· 버터는 손가락으로 누르면 들어갈 정도가 되게
  실온에 꺼내둔다.
· **A**는 두 번 체에 친다.
· 토핑용 레몬은 잘 씻어 껍질째 슬라이스하고,
  꿀 2큰술을 넣어 보관용기에 담아 한나절 이상 절인다(**a**).
· 치즈 크림의 크림치즈, 생크림, 계란은 실온에 꺼내둔다.

1 타르트 반죽 만들어 굽기 : P.12~13의 **1~9**와 같이 타르트
반죽을 만들고 팬에 깔아 굽는다.

2 치즈 크림 만들기 : 볼에 크림치즈를 담아 고무주걱으로 부드
럽게 으깬다. 설탕과 꿀을 넣고, 거품기로 잘 저어 매끄럽게
만든다. **B**를 순서대로 넣으며 그때마다 젓는다.

3 타르트 속 채우기 : **2**를 타르트 위에 채우고, 160℃로 예열
한 오븐에서 30~40분간 굽는다. 타르트가 식으면 꿀에 절인
레몬을 올려 장식하고, 꿀을 데워 솔로 바른다.

a : 레몬이 꿀에 골고루 잠기도록
용기에 늘어놓는다. 가끔씩 뒤집
어주면 좋다.

참깨 생강 타르트 (P.17)

참깨의 고소한 풍미와 생강의 향이 입안 가득 퍼집니다.
토핑으로 검은콩과 볶은 깨를 올려 고소한 맛을 냈습니다.
녹차 등의 차 음료와 어울리는 타르트입니다.

【 재료 】 지름 18cm의 타르트 팬 1개 분량

◎ **오일 타르트 반죽**

A
| 박력분 … 110g
| 흰깨 간 것 … 30g
| 수수설탕 … 30g
| 소금 … 두 자밤

식물성 오일 … 40g
물 … 1~2큰술

FILLING

◎ **참깨 생강 크림**

B
| 계란 (M) … 1개
| 플레인 요구르트 … 30g
| 식물성 오일 … 10g
| 수수설탕 … 30g
| 럼주 … 2작은술
| 생강 간 것 … 2작은술
| 흰깨 간 것 … 50g

C
| 박력분 … 15g
| 베이킹파우더 … ¼작은술

TOPPING

검은콩 (삶은 것) … 130g
꿀 … 적당량
볶은 흰깨 … 적당량

【 준비 】

· 검은콩은 삶은 후 가볍게 물기를 제거한다.

1 **타르트 반죽 만들어 굽기** : P.14~15의 **1~11**과 같이 타르트 반죽을 만들고 팬에 깔아 굽는다.

2 **참깨 생강 크림 만들기** : 볼에 **B**를 담아 거품기로 잘 저어 매끄럽게 만든다. **C**를 체에 쳐서 넣고 고무주걱으로 잘 섞어준다.

3 **타르트 속 채워 굽기** : **2**를 타르트 위에 채우고, 170℃로 예열한 오븐에서 10분간 굽는다. 검은콩을 올리고 10~20분간 더 굽는다. 타르트가 식으면 꿀을 데워 솔로 바르고, 깨를 흩뿌린다.

Memo

럼주

사탕수수의 증류주. 아몬드 크림에 풍미를 더하기 위해 넣는데, 취향에 따라 동량의 다른 리큐어로 대체해도 OK.

서양배 얼그레이 타르트 (P.20)

비터와 아몬드 향이 가득한 크림에 서양배를 올려 구웠습니다.
기본적인 반죽에 얼그레이 찻잎을 넣어 한층 풍미를 살렸습니다.

【 재료 】 지름 18cm의 타르트 팬 1개 분량

◎ **버터 타르트 반죽** : P.13 참고
재료 **A**에 홍차(얼그레이) 2작은술을 더한다.
※ 티백에 든 홍차는 잘게 다져져 있어서 사용이 편리하다.
찻잎이 크면 다지거나 으깨어 쓴다.

FILLING

◎ **아몬드 크림** : P.13 참고

TOPPING

서양배 (캔, 2등분된 것) … 4조각
살구 잼 (P.95) … 적당량
아몬드 슬라이스 (구운 것) … 적당량

【 준비 】 P.13 참고

· 서양배는 얇게 슬라이스하고 키친타월 위에 올려 물기를
  제거한다.

1 **타르트 반죽 만들어 굽기** : P.12~13의 **1~9**와 같이 타르트
반죽을 만들고 팬에 깔아 굽는다.

2 **아몬드 크림 만들기** : P.13의 **10~12**와 같이 아몬드 크림
을 만든다.

3 **타르트 속 채워 굽기** : **2**를 타르트 위에 채우고, 서양배를 올
린다. 170℃로 예열한 오븐에서 30~40분간 굽는다. 타르
트가 식으면 데운 살구 잼을 솔로 바르고, 아몬드 슬라이스
로 장식한다.

말차 밤 타르트 (P.22)

말차와 버터의 향이 잘 어우러지고, 색감도 멋스러운 타르트. 밤조림은
속껍질이 있는 보늬밤이든, 속껍질을 벗긴 감로자든 취향대로 고르세요.

【 재료 】 지름 18cm의 타르트 팬 1개 분량

◎ **버터 타르트 반죽** : P.13 참고

FILLING

◎ **말차 아몬드 크림**
무염버터 … 45g
설탕 … 45g
계란 (M) … 1개
B │ 말차 … 7g
│ 아몬드파우더 … 40g
럼주 (P.19) … 2작은술

TOPPING

밤조림 (보늬밤 또는 감로자, 시판 제품) … 8~10개
꿀 … 적당량
말차 … 적당량

【 준비 】 P.13 참고

· 밤은 설탕물을 가볍게 제거한다.

1 **타르트 반죽 만들어 굽기** : P.12~13의 **1~9**와 같이 타르트
반죽을 만들고 팬에 깔아 굽는다.

2 **말차 아몬드 크림 만들기** : P.13의 **10~12**와 같이 말차 아
몬드 크림을 만든다.

3 **타르트 속 채워 굽기** : **2**를 타르트 위에 채우고, 170℃로 예
열한 오븐에서 10분간 굽는다. 밤을 올리고 10~20분간 더
굽는다. 타르트가 식으면 데운 꿀을 솔로 바르고, 말차를 차
망에 담아 흩뿌린다.

고구마 흑설탕 타르트 (P.21)

고구마를 듬뿍 올리고, 크림에는 흑설탕과 럼주를 넣었습니다.
버터가 들어간 것처럼 맛이 풍부합니다.

【 재료 】 지름 18cm의 타르트 팬 1개 분량

◎ **오일 타르트 반죽** : P.15 참고

FILLING

◎ **아몬드 크림** : 아래 내용 외에는 P.15 참고

계란 (M) … 1개
플레인 요구르트 … 30g
B 식물성 오일 … 20g
흑설탕 (분말) … 30g
럼주 (P.19) … 2작은술

TOPPING

고구마 (작은 것) … 1~1½개
꿀 … 적당량
볶은 깨 (흰색·검은색) … 각 적당량

【 준비 】

· 고구마는 포일에 싸서 160℃로 예열한 오븐에서
1시간 정도 굽는다. 꼬치가 쑥 들어갈 정도면 된다.
포일을 벗기고 껍질째 2cm 두께로 자른다.

1 **타르트 반죽 만들어 굽기** : P.14~15의 **1~11**과 같이 타르트 반죽을 만들고 팬에 깔아 굽는다.

2 **아몬드 크림 만들기** : P.15의 **12~13**과 같이 아몬드 크림을 만든다.

3 **타르트 속 채워 굽기** : **2**를 타르트 위에 채우고, 170℃로 예열한 오븐에서 10분간 굽는다. 고구마를 올리고 10~20분간 더 굽는다. 타르트가 식으면 꿀을 데워 솔로 바르고, 볶은 깨를 흩뿌린다.

파인애플 코코넛 타르트 (P.23)

새콤한 파인애플과 달콤한 코코넛이 어우러져 여름 향이 나는 타르트.
생 파인애플은 구우면 더욱더 달고 진한 맛이 납니다.

【 재료 】 지름 18cm의 타르트 팬 1개 분량

◎ **오일 타르트 반죽** : P.15 참고

FILLING

◎ **코코넛 아몬드 크림** : 아래 내용 외에는 P.15 참고.
재료 **B**의 요구르트를 '코코넛밀크 30g'으로, 식물성 오일은
'15g'으로 변경한다.
코코넛 가루 … 1½큰술

TOPPING

파인애플 … 150g (정미·약 ½개 분량)
살구 잼 (P.95) … 적당량
코코넛 가루 … 적당량

1 **타르트 반죽 만들어 굽기** : P.14~15의 **1~11**과 같이 타르트 반죽을 만들고 팬에 깔아 굽는다.

2 **코코넛 아몬드 크림 만들기** : 볼에 **B**를 담고 거품기로 저어 매끄럽게 만든다. **C**를 체 쳐서 넣고 고무주걱으로 잘 섞다가 코코넛 가루를 넣고 섞는다.

3 **타르트 속 채워 굽기** : **2**를 타르트 위에 채우고, 껍질을 벗겨 한입 크기로 자른 파인애플을 올린다. 170℃로 예열한 오븐에서 40~50분간 굽는다. 타르트가 식으면 살구 잼을 데워 솔로 바르고, 코코넛 가루를 흩뿌린다.

빨간 열매와 커스터드 타르트 (P.26)

짙은 커스터드 크림에 새콤달콤 빨간 열매를 올린,
여성들이 좋아할 만한 타르트.
과일의 조합이 고민된다면, 레드한 색상으로 통일하는 것을 추천합니다.

딸기만 토핑해도 좋지만 두 가지
이상의 과일을 올리면 더욱 멋스럽다.

【 재료 】 지름 18cm의 타르트 팬 1개 분량

◎ 버터 타르트 반죽

무염버터 … 75g
설탕 … 50g
소금 … 한 자밤
계란 노른자 (M) … 1개 분량
A ┤ 박력분 … 110g
  └ 아몬드파우더 … 15g

FILLING

◎ 커스터드 크림

계란 노른자 (M) … 2개 분량
설탕 … 50g
박력분 … 40g
바닐라빈 … 1/3개
우유 … 200㎖
무염버터 … 10g
럼주 (P.19) … 1큰술

TOPPING

빨간색 과일 중 좋아하는 것
　(딸기, 체리, 라즈베리 등) … 200~300g

【 준비 】

· 버터는 손가락으로 누르면 들어갈 정도가 되게
　실온에 꺼내둔다.
· A는 두 번 체에 친다.

1 타르트 반죽 만들어 굽기 : P.12~13의 **1~9**와 같이 타르트
반죽을 만들고 팬에 깐다. 알루미늄 포일을 둘러 15분간 굽
고, 포일을 벗기고 10~15분 더 굽는다. 팬째 식힌다.

2 커스터드 크림 만들기 : 아래 내용을 참고하여 만든다.

3 장식하기 : **2**를 볼에 담아 잘 섞은 후, 타르트 위에 채우고
과일로 장식한다.

◎ 커스터드 크림 만드는 법

1 볼에 계란 노른자와 설탕을 넣고 거품기로 하얗게 될 때까지
젓다가, 박력분을 체 쳐서 넣고 잘 섞는다.
2 바닐라빈은 세로로 칼집을 내어 씨를 바른다.
3 작은 냄비에 우유, 바닐라빈 껍질과 씨를 넣고 약불에서 부
글부글 끓인다.
4 **3**을 **1**의 볼에 조금씩 섞어가며 넣은 다음, 체에 거르며 다시
냄비로 옮긴다(바닐라빈 껍질도 건져내어 냄비에 옮긴다).
5 냄비를 다시 약불에 올려 바닥을 잘 저어가며 가열하다가, 완
전히 걸쭉해질 때까지 30초간 더 저으며 익힌다.
6 불을 끈 다음, 버터를 녹여 넣고 럼주를 넣는다. 보관용기에
담고 랩을 씌워 냉장고에서 식힌다. 바닐라빈의 껍질은 사용
직전에 제거한다.
　※ 바닐라빈이 없으면 마지막 과정에 바닐라 오일을 넣는다.

스모어 타르트 (P.27)

'스모어'는 구운 마시멜로와 초콜릿을 그레이엄 크래커 사이에 끼워먹는
미국, 캐나다에서는 이름난 디저트입니다.
타르트 속에 두부 브라우니 크림을 채워서 촉촉하게 구웠습니다.

【 재료 】 지름 18cm의 타르트 팬 1개 분량

◎ 오일 타르트 반죽

A
| 박력분 ··· 70g
| 전립분 ··· 70g
| 수수설탕 ··· 30g
| 소금 ··· 두 자밤
식물성 오일 ··· 45g
물 ··· 1~2큰술

FILLING

◎ 두부 브라우니 크림

연두부 ··· 100g

B
| 계란 (M) ··· 1개
| 수수설탕 ··· 20g
| 소금 ··· 한 자밤
판 초콜릿 (비터) ··· 1장 (50g)
우유 ··· 1큰술

C
| 박력분 ··· 1큰술
| 코코아 ··· 20g

TOPPING

판 초콜릿 (비터) ··· 1상 (50g)
마시멜로 ··· 100g

1 타르트 반죽 만들어 굽기 : P.14~15의 **1~11**과 같이 타르트 반죽을 만들고 팬에 깔아 굽는다.

2 두부 브라우니 크림 만들기 : 볼에 연두부를 담아 거품기로 으깬다(**a**). **B**를 넣고 잘 젓는다. 다진 초콜릿은 우유와 함께 볼에 담아 중탕으로 녹인 후, 두부가 담긴 볼에 부어서 함께 섞는다. **C**를 체에 쳐서 넣고 고무주걱으로 잘 섞어준다.

3 타르트 속 채워 굽기 : **2**를 타르트 위에 채우고, 170℃로 예열한 오븐에서 30~40분 굽는다.

4 장식하기 : 먹기 직전에 다진 초콜릿과 마시멜로를 올리고 230℃로 예열한 오븐에서 마시멜로에 갈색빛이 날 때까지 2~3분 굽는다.

a : 거품기로 두부를 잘게 으깬 후 나머지 재료를 섞는다.

쭉 늘어나는, 갓 구운
마시멜로의 식감이 새롭다.
꼭 먹기 직전에 굽자.

과일은 큼직하게 잘라서
토핑하는 것이 보기에 좋다.

버터 반죽 과일 타르트 (P.30)

프랑스의 대표적인 디저트, 타르트 오 프뤼(프루트 타르트)는
모양도 화려해서 손님 접대에 제격입니다.
요령을 익히면 어렵지 않으니 꼭 도전해보세요.

【 재료 】지름 18cm의 타르트 팬 1개 분량

◎ 버터 타르트 반죽
무염버터 ⋯ 75g
설탕 ⋯ 50g
소금 ⋯ 한 자밤
계란 노른자 (M) ⋯ 1개 분량
A 박력분 ⋯ 110g
아몬드파우더 ⋯ 15g

FILLING

◎ 아몬드 크림
무염버터 ⋯ 60g
설탕 ⋯ 60g
계란 (M) ⋯ 1개
B 박력분 ⋯ 20g
아몬드파우더 ⋯ 60g
럼주 (P.19) ⋯ 1큰술

TOPPING

좋아하는 과일 ⋯ 300~400g (이 책에서는 키위, 오렌지,
  핑크 그레이프프루트, 블루베리, 라즈베리, 서양배 통조림을 사용)
나파주• (P.95) ⋯ 50~100g
물 ⋯ 적당량 (나파주 희석용)
처빌•• ⋯ 적당량 (취향껏)

【 준비 】
· 버터는 손가락으로 누르면 들어갈 정도가 되게
  실온에 꺼내둔다.
· A와 B는 각각 두 번 체에 친다.
· 아몬드 크림용 계란은 실온에 꺼내둔다.

• 나파주 : 주로 케이크와 과자 표면에 쓰는 젤라틴 타입의 광택제. 토
핑에 광택을 내는 역할 외에 향기를 더해주며 과일 산화와 건조를 방
지한다. 살구 잼을 체에 걸러 펙틴을 더해 만들기도 한다.
•• 처빌 : 파슬리와 비슷한 허브. 밝은 녹색의 얇은 잎은 감미로운 향
을 내며, 어린잎은 샐러드에 넣어 생식한다. 생선요리와 수프, 각종 소
스, 치즈의 향을 내기 위해 이용한다.

1 타르트 반죽 만들어 굽기 : P.12~13의 **1**~**9**와 같이 타르트
반죽을 만들고 팬에 깔아 굽는다.

2 아몬드 크림 만들기 : 볼에 버터를 넣어 고무주걱으로 으깨
어 크림 상태가 되게 한다. 설탕을 두 번 나누어 넣으며 하양
게 될 때까지 거품기로 젓는다. 풀어놓은 계란을 조금씩 넣으
며 젓는다. **B**를 체 쳐서 넣고 고무주걱으로 저어 매끈해
지면 럼주를 섞는다.

3 타르트 속 채워 굽기 : **2**를 타르트 위에 채우고, 170℃로 예
열한 오븐에서 30~40분간 굽는다. 팬째 식힌다.

4 과일과 나파주 준비하기 : 과일은 껍질을 벗기고 적당한 크
기로 자른다. 감귤류나 통조림 과일 등 수분이 많은 것은 키
친타월 위에 두어 물기를 제거한다. 작은 냄비에 나파주와 물
을 담아 끓이고, 다 녹으면 70℃로 식힌다.

5 장식하기 : **3** 위에 과일을 올리고, 나파주를 발라가며 과일
을 쌓는다(**a**). 표면에 나파주를 발라 광택을 내고(**b**), 취향
에 따라 처빌로 장식한다.

a : 과일을 한 층 올리고 나파주
를 바른 다음, 그 위에 또 과일을
쌓는다. 과일은 사용 전에 수분을
충분히 제거한다.

b : 마무리용 나파주를 발라 윤
기를 낸다. 나파주는 접착제 역할
을 하므로 표면뿐만 아니라 안쪽
에도 충분히 발라야 한다.

오일 반죽 과일 타르트 (P.31)

같은 과일 타르트라 해도 오일 반죽으로 만들면
또 다른 맛을 즐길 수 있습니다.
둥글게 파낸 과일로 장식하면 귀여운 타르트가 완성됩니다.

【 재료 】 지름 18cm의 타르트 팬 1개 분량

◎ 오일 타르트 반죽

A
- 박력분 … 120g
- 아몬드파우더 … 25g
- 수수설탕 … 30g
- 소금 … 두 자밤

식물성 오일 … 40g
물 … 1~2큰술

FILLING

◎ 아몬드 크림

B
- 계란 (M) … 1개
- 플레인 요구르트 … 50g
- 식물성 오일 … 30g
- 수수설탕 … 50g
- 럼주 (P.19) … 1큰술

C
- 아몬드파우더 … 70g
- 박력분 … 20g
- 베이킹파우더 … ¼작은술

TOPPING

좋아하는 과일 … 300~400g
   (이 책에서는 파파야, 멜론, 수박, 파인애플, 망고를 사용)
나파주 (P.95) … 50~100g
물 … 적당량 (나파주 희석용)
민트 … 적당량 (취향껏)

1 타르트 반죽 만들어 굽기 : P.14~15의 **1~11**과 같이 타르
트 반죽을 만들고 팬에 깔아 굽는다.

2 아몬드 크림 만들기 : 볼에 **B**를 담고 거품기로 저어 매끄럽
게 만든다. **C**를 체 쳐서 넣고 고무주걱으로 잘 섞는다.

3 타르트 속 채워 굽기 : **2**를 타르트 위에 채우고, 170℃로 예
열한 오븐에서 30~40분간 굽는다. 팬째 식힌다.

4 과일과 나파주 준비하기 : 과일은 껍질을 벗기고 적당한 크
기로 자른다. 전용 스푼이나 계량스푼 작은 것(**a**)을 사용해
과일을 둥글게 파낸다. 키친타월 위에 두어 물기를 제거한
다. 작은 냄비에 나파주와 물을 담아 끓이고, 다 녹으면 70℃
로 식힌다.

5 장식하기 : **3** 위에 과일을 올리고, 나파주를 발라가며 과일을
쌓는다(P.32**a**). 표면에 나파주를 발리 광댁을 내고(P.32**b**),
취향에 따라 민트로 장식한다.

a : 과일 화채 등에 쓰는 전용 스푼
(프루트 데코레이터)이나 바닥이 둥
근 작은 계량스푼을 사용합니다.

몽블랑 타르트 (P.34)

무설탕 휘핑크림과 몽블랑 크림을 겹쳐 올린, 사치스러운 타르트입니다.
짤주머니의 깍지는 어떤 것이라도 상관없지만
몽블랑용을 사용하면 한층 제대로 된 분위기가 납니다.

【 재료 】 지름 18cm의 타르트 팬 1개 분량

◎ 버터 타르트 반죽

무염버터 … 75g
설탕 … 50g
소금 … 한 자밤
계란 노른자 (M) … 1개 분량

A
ㅣ 박력분 … 110g
ㅣ 아몬드파우더 … 15g

FILLING

◎ 커피 아몬드 크림

무염버터 … 60g
설탕 … 50g
계란 (M) … 1개

B
ㅣ 박력분 … 20g
ㅣ 아몬드파우더 … 60g
럼주 (P.19) … 1큰술
인스턴트커피 (과립) … 2작은술

TOPPING

생크림 … 200㎖

◎ 몽블랑 크림

마론 페이스트 (시판 제품) … 240g
우유 … 50㎖
럼주 (P.19) … 1큰술
보늬밤 (시판 제품) … 4개
호박씨 … 적당량
가루설탕 … 적당량

【 준비 】

· 버터는 손가락으로 누르면 들어갈 정도가 되게
  실온에 꺼내둔다.
· A와 B는 각각 두 번 체에 친다.
· 아몬드 크림용 계란은 실온에 꺼내둔다.
· 보늬밤은 반으로 잘라둔다.

1 **타르트 반죽 만들어 굽기** : P.12~13의 **1~9**와 같이 타르트 반죽을 만들고 팬에 깔아 굽는다.

2 **커피 아몬드 크림 만들기** : 볼에 버터를 넣고 고무주걱으로 으깨어 크림 상태가 되게 한다. 설탕을 두 번 나누어 넣으며 하얗게 될 때까지 거품기로 젓는다. 풀어놓은 계란을 조금씩 넣으며 젓는다. **B**를 체 쳐서 넣고 고무주걱으로 저어 매끈해지면 인스턴트커피를 녹인 럼주를 넣고 섞는다.

3 **타르트 속 채워 굽기** : **2**를 타르트 위에 채우고, 170℃로 예열한 오븐에서 30~40분간 굽는다. 팬째 식힌다.

4 **장식하기** : 볼에 생크림을 담고, 얼음물 위에 볼 바닥면을 올린 상태로 거품기로 젓는다. 거품기로 떴을 때 부드러운 뿔이 생길 정도가 적당하다. 몽블랑용 깍지(**a**)를 넣은 짤주머니에 크림을 넣고 **3**의 위에 짜 올린다. 그 다음, 몽블랑 크림을 만든다. 마론 페이스트를 볼에 담아 나무주걱으로 부드럽게 으깨다가, 우유, 럼주를 넣고 잘 섞는다. 몽블랑용 깍지를 넣은 짤주머니로 생크림 위에 몽블랑 크림을 짜 올린다. 보늬밤과 호박씨로 장식하고 차망에 가루설탕을 담아 흩뿌린다.

a : 구멍이 작아서 가느다란 선 모양으로 크림을 짤 수 있는 몽블랑용 깍지.

바나나 초콜릿 타르트 (P.35)

코코아 향의 타르트 반죽에,
두부를 넣어 매끈하고 부드러운 단맛의 초콜릿 크림을 올렸습니다.
초콜릿과 궁합이 좋은 바나나를 듬뿍 올린 볼륨 만점의 타르트.

【 재료 】 지름 18cm의 타르트 팬 1개 분량

◎ 오일 타르트 반죽

A │
│ 박력분 … 110g
│ 아몬드파우더 … 20g
│ 코코아 … 25g
│ 수수설탕 … 40g
│ 소금 … 두 자밤
식물성 오일 … 40g
물 … 1~2큰술

FILLING

◎ 두부 초콜릿 크림
연두부 … 300g

B │
│ 메이플 시럽 … 2큰술
│ 코코아 … 1½큰술
│ 브랜디 … 1큰술

TOPPING

바나나 … 2~3개
살구 잼 (P.95) … 적당량

1 **타르트 반죽 만들어 굽기 :** P.14~15의 **1~11**과 같이 타르트 반죽을 만들고 팬에 깐다. 알루미늄 포일을 둘러 10분간 굽고, 포일을 벗기고 20~30분 더 굽는다. 팬째 식힌다.

2 **두부 초콜릿 크림 만들기 :** 두부는 적당한 크기로 잘라 내열용기에 담고, 600W의 전자레인지에서 3분간 익힌다. 키친타월을 깐 체에 담아(**a**), 200g이 될 때까지 물기를 뺀다(**b**). 푸드프로세서로 두부와 **B**를 매끄럽게 섞는다(또는 체에 거른 두부와 **B**를 거품기로 잘 섞는다).

3 **장식하기 : 2**를 타르트 위에 채우고, 슬라이스한 바나나를 올린다. 데운 살구 잼을 솔로 바른다.

a : 전자레인지로 데우면 두부에서 수분이 빠져나와 작업시간이 단축된다.

b : 키친타월로 두부를 싸고, 물을 담은 볼 등을 위에 올려 물기를 뺀다.

Memo

브랜디
포도로 만든 증류주. 숙성 연수에 따라 XO, VO 등 이름이 다르며, 다양한 종류가 있다.

애플 로즈 타르트 (P.38)

더할 나위 없이 화려하지만, 의외로 쉽게 만들 수 있는 타르트.
얇게 슬라이스한 사과를 돌돌 말기만 하면 됩니다.
구운 타르트 반죽에 치즈 크림을 채우고, 차갑게 식혀서 드세요.

【 재료 】 지름 18cm의 타르트 팬 1개 분량

◎ 버터 타르트 반죽

무염버터 … 75g
설탕 … 50g
소금 … 한 자밤
계란 노른자 (M) … 1개 분량
A │ 박력분 … 110g
  │ 아몬드파우더 … 15g

FILLING

◎ 레어 치즈 크림

크림치즈 … 200g
설탕 … 50g
플레인 요구르트 … 100g
레몬즙 … 1큰술

TOPPING

사과 (홍옥) … 3개
  │ 레몬즙 … 4큰술
B │ 설탕 … 80g
  │ 시나몬파우더 … 약간
나파주 (P.95) … 50g
물 … 적당량 (나파주 희석용)
민트 … 적당량 (취향껏)

【 준비 】

· 버터는 손가락으로 누르면 들어갈 정도가 되게
  실온에 꺼내둔다.
· A는 두 번 체에 친다.
· 크림치즈는 부드러워지도록 실온에 꺼내둔다.
· 요구르트는 50g이 되도록 냉장고에서 물기를
  제거한다(a).

1 타르트 반죽 만들어 굽기 : P.12~13의 **1~9**와 같이 타르트
반죽을 만들고 팬에 깔아 굽는다.

2 레어 치즈 크림 만들기 : 볼에 크림치즈를 넣고 고무주걱으
로 으깬 다음, 설탕을 섞는다. 물기를 뺀 요구르트, 레몬즙
을 섞는다.

3 타르트 속 채우기 : **2**를 타르트 위에 채우고, 냉장고에서 3
시간 이상 식힌다.

4 애플 로즈 만들어 장식하기 : 사과는 반달 모양으로 8등분하
고, 채칼로 얇게 썬다. 내열용기에 **B**를 담아, 600W의 전자
레인지에서 3분간 가열한다. 사과를 넣어 섞고, 1분간 더 가
열한 후 그대로 둔다. 사과를 돌돌 말아(**b**) **3**의 위에 올린
다. 나파주를 바르고(P.32**b**), 취향껏 민트로 장식한다.

a : 요구르트는 키친타월을 3장
깐 체에 담아 물기를 뺀다. 물기
가 많으면 몇 차례 키친타월을 갈
아준다.

b : 전자레인지에 데우면 사과
가 부드러워져서 잘 말린다. 1장
씩 돌돌 말아서 장미꽃을 만든다.

망고 로즈 타르트 (P.39)

버터 대신 '오일 반죽', 사과 대신 '망고'.
나머지는 같습니다.
망고가 맛있는 계절에 꼭 만들어보세요.

【 재료 】 지름 18cm의 타르트 팬 1개 분량

◎ 오일 타르트 반죽

A
박력분 … 120g
아몬드파우더 … 25g
수수설탕 … 30g
소금 … 두 자밤

식물성 오일 … 40g
물 … 1~2큰술

FILLING

◎ 레어 치즈 크림

크림치즈 … 200g
설탕 … 50g
플레인 요구르트 … 100g
레몬즙 … 1큰술

TOPPING

망고 … 2개
나파주 (P.95) … 50g
물 … 적당량 (나파주 희석용)
처빌 … 적당량 (취향껏)

【 준비 】

· 크림치즈는 부드러워지도록 실온에 꺼내둔다.
· 요구르트는 50g이 되도록 냉장고에서 물기를
  제거한다(P.40**a**).

1 타르트 반죽 만들어 굽기 : P.14~15의 **1~11**과 같이 타르트 반죽을 만들고 팬에 깔아 굽는다.

2 레어 치즈 크림 만들기 : 볼에 크림치즈를 넣고 고무주걱으로 으깬 다음, 설탕을 섞는다. 요구르트와 레몬즙을 섞는다.

3 타르트 속 채우기 : **2**를 타르트 위에 채우고, 냉장고에서 3시간 이상 차갑게 둔다.

4 망고 로즈 만들어 장식하기 : 망고는 얇게 슬라이스하고, 1장씩 돌돌 말아 장미꽃 모양으로 만든다. 망고 로즈를 **3**의 위에 올린다. 나파주를 바르고(P.32**b**), 취향껏 처빌로 장식한다.

무화과 마스카포네 타르트 (P.42)

마스카포네 치즈를 발라 상큼한 신맛을 더했습니다.
여기에 무화과를 큼직하게 잘라 올리면,
달달한 식감을 제대로 느낄 수 있지요.

【 재료 】지름 18cm의 타르트 팬 1개 분량

◎ 버터 타르트 반죽
무염버터 … 75g
설탕 … 50g
소금 … 한 자밤
계란 노른자 (M) … 1개 분량

A | 박력분 … 110g
  | 아몬드파우더 … 15g

FILLING

◎ 아몬드 크림
무염버터 … 60g
설탕 … 60g
계란 (M) … 1개

B | 박력분 … 20g
  | 아몬드파우더 … 60g
럼주 (P.19) … 1큰술

TOPPING

마스카포네 치즈 … 100g
무화과 … 4개
나파주 (P.95) … 적당량
물 … 적당량 (나파주 희석용)
피스타치오 … 약간
메이플 시럽 … 적당량 (취향껏)

【 준비 】
· 버터는 손가락으로 누르면 들어갈 정도가 되게
  실온에 꺼내둔다.
· **A**와 **B**는 각각 두 번 체에 친다.
· 아몬드 크림용 계란은 실온에 꺼내둔다.

1 타르트 반죽 만들어 굽기 : P.12~13의 **1~9**와 같이 타르트
반죽을 만들고 팬에 깔아 굽는다.

2 아몬드 크림 만들기 : 볼에 버터를 넣어 고무주걱으로 으깨
어 크림 상태가 되게 한다. 설탕을 두 번 나누어 넣으며 하얗
게 될 때까지 젓는다. 풀어놓은 계란을 조금씩 넣으며 젓는
다. **B**를 체 쳐서 넣고 고무주걱으로 저어 매끈해지면 럼주
를 넣어 섞는다.

3 타르트 속 채워 굽기 : **2**를 타르트 위에 채우고, 170℃로 예
열한 오븐에서 30~40분간 굽는다. 팬째 식힌다.

4 장식하기 : 마스카포네 치즈를 위에 바르고, 껍질을 벗겨 반
달 모양으로 썬 무화과를 올린다. 작은 냄비에 나파주와 물을
끓여 녹이고, 70℃로 식으면 솔로 바른다(P.32**b**). 다진 피스
타치오를 흩뿌린다. 취향에 따라 메이플 시럽을 뿌려 먹는다.

Memo

마스카포네 치즈
이탈리아 원산의 신선함을 간직한
치즈. 수분이 많아서 매끄럽고 가
벼우며 산뜻한 풍미가 특징이다.

키위 요구르트 타르트 (P.43)

물기 뺀 요구르트로 만든 크림은 매끄럽고도 담백한 맛이 납니다.
한 종류의 키위도 좋지만, 두 가지 색상의 키위를 사용하면
산뜻한 색감으로 완성됩니다.

【 재료 】 지름 18cm의 타르트 팬 1개 분량

◎ 오일 타르트 반죽

A
| 박력분 … 120g
| 아몬드파우더 … 25g
| 수수설탕 … 30g
| 소금 … 두 자밤
식물성 오일 … 40g
물 … 1~2큰술

FILLING

◎ 아몬드 크림

B
| 계란 (M) … 1개
| 플레인 요구르트 … 50g
| 식물성 오일 … 30g
| 수수설탕 … 50g
| 럼주 (P.19) … 1큰술
C
| 아몬드파우더 … 70g
| 박력분 … 20g
| 베이킹파우더 … ¼작은술

TOPPING

플레인 요구르트 … 200g
골드 키위 … 1½개
그린 키위 … 1½개
나파주 (P.95) … 적당량
물 … 적당량 (나파주 희석용)
꿀 … 적당량 (취향껏)

【 준비 】

· 토핑용 요구르트는 키친타월을 3장 깐 체에 담아
  100g이 될 때까지 물기를 뺀다(P.40**a**).

1 타르트 반죽 만들어 굽기 : P.14~15의 **1~11**과 같이 타르트 반죽을 만들고 팬에 깔아 굽는다.

2 아몬드 크림 만들기 : 볼에 **B**를 넣어 거품기로 잘 섞는다. **C**를 체 쳐서 넣고 고무주걱으로 잘 섞는다.

3 타르트 속 채워 굽기 : **2**를 타르트 위에 채우고, 170℃로 예열한 오븐에서 30분간 굽는다. 팬째 식힌다.

4 장식하기 : 물기 뺀 요구르트를 바르고, 껍질을 벗겨 얇게 슬라이스한 과일로 장식한다(바깥쪽을 따라 골드 키위를 빙 두르고, 안쪽에 그린 키위를 올린다). 작은 냄비에 나파주와 물을 끓여 녹이고, 70℃로 식으면 솔로 바른다(P.32**b**). 취향에 따라 꿀을 뿌려 먹는다.

피스타치오 초콜릿 타르트 (P.46)

피스타치오 페이스트와 커스터드 크림을 조합한 진한 크림에, 마무리로 올린 라즈베리의 새콤한 맛이 절묘하게 어우러집니다. 코팅용 초콜릿으로 장식하면 마치 예쁜 과자를 줄 세워놓은 것 같은 느낌의 타르트가 됩니다.

【 재료 】 지름 18cm의 타르트 팬 1개 분량

◎ 버터 타르트 반죽

무염버터 … 75g

설탕 … 50g

소금 … 한 자밤

계란 노른자 (M) … 1개 분량

A
| 박력분 … 90g
| 코코아 … 15g
| 아몬드파우더 … 15g

FILLING

◎ 아몬드 크림

무염버터 … 60g

설탕 … 60g

계란 (M) … 1개

B
| 박력분 … 20g
| 아몬드파우더 … 60g

럼주 (P.19) … 1큰술

◎ 피스타치오 크림

커스터드 크림

  계란 노른자 (M) … 2개 분량

  설탕 … 50g

  박력분 … 30g

  바닐라빈 … 1/3개

  우유 … 200㎖

  무염버터 … 10g

  럼주 (P.19) … 1큰술

피스타치오 페이스트 (시판 제품) … 50g

설탕 … 10g

TOPPING

코팅용 초콜릿(화이트), 라즈베리, 피스타치오 … 적당량

【 준비 】

· 버터는 손가락으로 누르면 들어갈 정도가 되게 실온에 꺼내둔다.

· A와 B는 각각 두 번 체에 친다.

· 아몬드 크림용 계란은 실온에 꺼내둔다.

· P.28의 내용을 참고하여 커스터드 크림을 만들고 식혀둔다. 사용 직전에 한 번 섞는다.

· 코팅용 초콜릿은 중탕하여 오븐 시트 위에 지름 3~4cm 크기로 둥글게 펴고, 냉장고에서 식혀 굳힌다(a).

1 타르트 반죽 만들어 굽기 : P.12~13의 1~9와 같이 타르트 반죽을 만들고 팬에 깔아 굽는다.

2 아몬드 크림 만들기 : P.13의 10~12와 같이 아몬드 크림을 만든다.

3 타르트 속 채워 굽기 : 2를 타르트 위에 채우고, 170℃로 예열한 오븐에서 30분간 굽는다. 팬째 식힌다.

4 피스타치오 크림 만들기 : 볼에 피스타치오 페이스트와 설탕을 넣고 거품기로 섞는다(b). 커스터드 크림을 조금씩 넣으며 섞는다.

5 장식하기 : 4를 생노레용 모양깍지를 낀 짤주머니에 담아, 3의 위에 전체적으로 짠다. 초콜릿과 라즈베리로 장식하고, 다진 피스타치오를 흩뿌린다.

a : 중탕한 코팅용 초콜릿을 숟가락 뒷면으로 둥글게 펼친다.

b : 크림이 덩어리지지 않게 피스타치오 페이스트 속 덩어리를 잘 으깬 후, 커스터드 크림을 넣는다.

키라임 파이 (P.47)

이름은 파이이지만 원래는 타르트 반죽을 그레이엄(전립분) 크래커로 만드는
미국 과자입니다. 부드러운 산미가 특징인 작은 라임, 키라임을 넣어 만들지만
이번에는 일반적인 라임과 연유를 조합해서 부드럽게 만들어보았습니다.

【 재료 】 지름 18cm의 타르트 팬 1개 분량

◎ 오일 타르트 반죽

A
| 박력분 ··· 70g
| 전립분 ··· 70g
| 수수설탕 ··· 30g
| 소금 ··· 두 자밤
식물성 오일 ··· 45g
물 ··· 1~2큰술

FILLING

◎ 라임 크림

B
| 계란 (M) ··· 2개 분량
| 라임즙 ··· 60㎖
| 연유 ··· 180g
| 옥수수전분 ··· 1큰술
| 라임 껍질 간 것 ··· ½개 분량

TOPPING

생크림 ··· 100㎖
연유 ··· 30g
라임 ··· ½개
라임 껍질 간 것 ··· 약간

1 타르트 반죽 만들어 굽기 : P.14~15의 **1~11**과 같이 타르트 반죽을 만들고 팬에 깔아 굽는다.

2 라임 크림 만들기 : 볼에 **B**를 넣고 거품기로 저어 매끄럽게 만든다. 잠시 놔둔다(라임의 산과 연유의 성분이 반응해서 자연스럽게 끈기가 생긴다).

3 타르트 속 채워 굽기 : **2**를 타르트 위에 채우고, 160℃로 예열한 오븐에서 10~15분간 굽는다. 팬째 식힌다.

4 장식하기 : 볼에 생크림과 연유를 담고, 얼음물 위에 볼 바닥면을 올린 상태로 거품기로 젓는다. 거품기로 떴을 때 부드러운 뿔이 생길 정도가 적당하다. 생노레용 모양깍지(**a**)를 넣은 짤주머니에 크림을 넣고 **3**의 위에 짜 올린다. 얇게 슬라이스한 라임을 올리고, 라임 껍질 간 것을 흩뿌린다.

a : 생노레용 모양깍지. 프랑스의 대표적인 과자 생노레에 사용하는 깍지. V자 모양으로 구멍이 뚫려 있어 그림이 높이감 있게 나온다.

타르트와 파이 랩핑하는 법

수제 타르트와 파이는 선물하거나, 초대받은 집에 방문할 때 가져가기도 정말 좋습니다. 통째로 상자에 담아가거나 사람 수에 따라 먹기 좋게 조각으로 포장할 수도 있습니다. 테이크아웃에 대한 간단한 팁과 랩핑 방법을 소개합니다.

WHOLE

오븐 시트지로 감싸기

속 재료를 넣어 같이 구운 타입은 오븐 시트지로 직접 감싼다. 코팅되어 있는 종이라 기름기가 새어 나올 걱정이 없다. 길이가 부족하면 시트지 2장을 살짝 겹치는 식으로 위치와 크기를 조정한다.

상자에 넣기

크림, 과일로 장식한 타입은 타르트가 무너지지 않도록 전용 상자를 이용한다. 타르트나 파이 아래에 예쁜 종이를 깔면 나만의 멋을 표현할 수 있다.

PIECE

왁스 페이퍼로 감싸기

기름이 스며들지 않게 가공된 얇은 종이로, 조각 타르트를 감싸기에 편리하다. 속 재료를 넣어 구운 타입에 추천! 무지 종이부터 무늬가 들어간 것까지 다양한 디자인이 있다.

알루미늄 포일로 감싸기

크림, 과일로 장식한 타입은 타르트가 무너지지 않도록 케이크용 필름이나 은박지에 감싼 다음 상자에 넣는다.

타르트와 파이 커팅하는 법

타르트와 파이를 예쁘게 자르는 방법을 소개합니다. 과일을 올린 것, 크림 등 열에 잘 녹는 것.
제각기 알맞은 커팅법이 다르므로 잘 기억해두세요.

과일이 듬뿍 올라간 경우

1 칼에 걸릴 것 같은 작은 과일을 떼어낸다. 반
죽의 높이 반 정도까지는 칼을 당기고, 나머지
는 칼을 밀면서 자른다.

2 반으로 자른 것을 각각 3~4등분한다.

3 접시에 담고 떼어냈던 작은 과일로 장식한다.
과일은 조금 넉넉히 준비해두면 좋다.

속 재료를 넣어 같이 구운 타입은 반죽 높이의 ⅔까지 칼을 당기고,
나머지는 밀면서 자른다. 자를 때 칼에 묻어나는 것은 바로 닦아낸다.
6등분까지는 필링이 잘 무너지지 않는다.

치즈, 초콜릿, 마시멜로, 크림 등 열에 녹는 것을 올린 경우

1 따뜻한 물에 칼을 데우고 물기를 닦는다.

2 칼을 끌어당기며 반으로 자른다.

3 키친타월 등으로 칼을 닦는다.

4 **1~3**을 반복하며 반으로 자른 것을 3~4등분
한다.

타르트와 파이 보관하는 법

타르트와 파이가 지닌 보슬보슬하고 바삭한 식감은 시간이 지날수록 사라집니다.
특히 습기 많은 여름철에는 보관에 더욱 신경 써야 합니다. 보관 방법, 기간을 잘 알아두세요.

과일 · 크림류

냉장 ⇒ 당일~다음 날 (되도록 빨리 먹는다)
보관용기 뚜껑을 바닥으로 쓴다. 뚜껑에 랩을
씌워 타르트, 파이를 올리고 용기를 덮는다.

속 재료를 같이 구운 타입

상온 ⇒ 2~3일 (여름에는 냉장 보관)
냉동 ⇒ 2~3주. 마르지 않도록 랩에 싸서 지퍼
백 등에 넣는다. 생과일을 올린 것이 아니라면
냉동 보관이 가능하다. 먹기 전에 냉장실로 옮
겨 자연해동한다.

파이, 타르트 반죽

【버터 반죽】냉장 ⇒ 3~4일 / 냉동 ⇒ 2개월
랩에 싸서 지퍼백에 넣는다. 냉동 반죽은 사용
전에 냉장실로 옮겨 자연해동한다.

【오일 반죽】냉장 · 냉동 모두 보관 불가하다.
시간이 지날수록 표면에 기름이 올라오고 딱
딱해진다.

Part.2
PIE

파이도 타르트 팬을 이용해 손쉽게 만들 수 있습니다.
버터 반죽은 '파트 브리제'라고 불리는, 가루 재료 속에 버터를 이겨 넣는 방법입니다.
오일 반죽은 가루 재료에 오일을 흩뿌리고, 베이킹파우더를 약간 넣어 반죽을 부풀립니다.

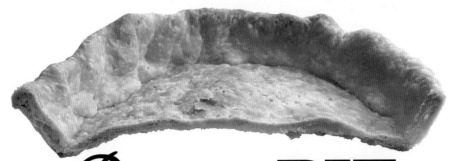

Butter PIE

기본 버터 파이 애플파이 (P.52)

반죽의 식감을 살리기 위해 녹지 않은 버터를 반죽해서 넣습니다.
잘 휴지하고, 차가워진 반죽을 고온에서 단숨에 구워내는 것이 포인트.
사과는 한 번 데쳐서 넣으면 물기가 배어 나오지 않아서 아삭한 식감이 오래갑니다.

1. 버터 파이 반죽 만들기

볼에 **A**를 담고, 버터가 작은 콩알 크기가 될 때까지 손으로 으깬다.

※ 버터가 녹으면 아삭한 식감이 나지 않으므로 신속히 작업하고, 녹기 시작하면 냉장고에 차게 둔다.

2.

버터의 큰 덩어리가 어느 정도 없어지면 가운데에 살짝 홈을 파서 차가운 물을 조금씩 붓는다.

※ 반죽 상태는 계절, 습도에 따라 달라지므로 물의 양을 조절하여 넣는다.

3.

반죽을 주무르지 않고, 반으로 접듯이 모은다. 가루기가 조금 남아 있는 상태로, 덩어리질 때까지 반복한다.

4. 휴지하기

2등분한 반죽을 둥글고 평평하게 하여 랩을 씌우고, 냉장고에서 2시간 이상 휴지한다.

※ 휴지함으로써 가루 재료와 수분, 유분이 서로 어우러진다.

5. 필링 만들기

버터를 녹인 프라이팬에 사과를 넣고 중불에서 볶다가 적당히 부드러워지면 수수설탕, 시나몬파우더를 넣고 뚜껑을 덮는다. 전체적으로 투명해질 때까지 5~6분 약불에서 익힌다.

6.

뚜껑을 열고 레몬즙을 넣는다. 물기가 없어질 때까지 센 불에서 졸인다.

※ 물기가 많으면, 사과는 꼬치로 찔러 들어갈 정도가 되면 건져내고, 즙만 더 졸인다.

7.

물 1작은술(분량 외)에 녹인 옥수수전분을 넣어 걸쭉하게 만든다. 보관용기에 옮겨 담아 식힌다.

8. 성형하기

타르트 팬에 녹인 버터(분량 외)를 솔로 얇게 바르고, 냉장고에 넣어 둔다.

※ 냉장고에 넣어두면 버터가 끈적이지 않아 반죽을 넣기 쉽다.

【 재료 】 지름 18cm의 타르트 팬 1개 분량

◎ 버터 파이 반죽

A
무염버터 … 130g
박력분 … 100g
강력분 … 100g
설탕 … 2작은술
소금 … ½작은술
차가운 물 … 50~90㎖

FILLING

사과 (홍옥) … 550g (정미 · 약 4개 분량)
무염버터 … 30g
수수설탕 … 60g
시나몬파우더 … 약간
레몬즙 … 1~2작은술
옥수수전분 … 1작은술

TOPPING

계란 푼 것 … 적당량

【 준비 】

· 파이 반죽용 버터는 1cm 크기로 깍둑썰기하여,
  사용 직전까지 냉장고에 넣어둔다.
· 5의 필링을 만들기 직전, 사과의 심과 껍질을 제거하고
  한입 크기로 썬다.

사과는 홍옥을 추천.
산미가 적은 사과일 경우,
레몬즙 1큰술을 추가한다.

9.

2등분한 반죽은 각각 랩에 싸서 밀대로 밀어 타르트 팬보다 살짝 큰 원형으로 편다(팬에 까는 반죽을 조금 더 크게 편다). 한 장은 냉장고에 넣어둔다.

10. 팬에 깔기

위쪽 랩을 벗기고 반죽을 뒤집어 팬 위에 뒤집어씌운다.

11.

반죽이 팬에 딱 붙도록 깔고, 반대쪽 랩도 벗긴다.

12. 파이 속 채우기

7의 사과를 부어 평평하게 만든 후, 반죽 테두리를 따라 계란물을 솔로 바른다.

13.

냉장고에 넣어두었던 반죽을 꺼내 위에 씌우고, 두 장의 반죽 끝을 잘 붙인다.

14.

반죽 가장자리를 안쪽으로 접으면서 꼰다.

15.

파이 윗면에 계란물을 바르고 가로세로로 2줄씩 칼집을 넣는다.

※ 칼집을 통해 공기가 빠져나갈 수 있어야 하므로 선명하게 긋는다.

16. 굽기

200℃로 예열한 오븐에서 30분간 굽고, 180℃로 낮추어 30~40분간 더 굽는다. 팬째 식힌 후 그릇 등을 아래에 받쳐 팬에서 분리한다.

※ 보관은 P.51 참조. 반죽은 4의 상태로 냉장 또는 냉동 보관할 수 있다.

Oil PIE

기본 오일 파이 블루베리 파이 (P.53)

오일 베이스로 파이 반죽을 만들면 바삭한 식감을 즐길 수 있습니다.
새콤달콤한 블루베리를 듬뿍 채웠습니다.
냉동 블루베리를 사용하면, 어느 계절이든 만들어볼 수 있지요.

1. 오일 파이 반죽 만들기

볼에 **A**를 담고, 거품기로 푼다.

2.

식물성 오일을 흩뿌려 넣고, 손으로 빙글빙글 저어 섞는다.

3.

손으로 비비며 보슬보슬한 상태로 만든다.

※ 오일이 가루 재료와 어우러지도록 손으로 비벼 소보로 상태로 만든다.

4.

우유를 넣고 손으로 반죽을 뭉친다.

※ 계절, 습도에 따라 반죽 상태가 달라지므로, 상태를 보아가며 우유를 조금씩 가감한다.

5. 성형하기

반죽을 적당히 1:2로 나누고, 둥글고 평평하게 하여 위아래에 랩을 씌운다.

6.

타르트 팬에 식물성 오일(분량 외)을 솔로 얇게 바른다.

7.

⅔ 등분의 반죽을 밀대로 밀어 4mm 두께가 되게, 팬보다 살짝 큰 원형으로 편다.

※ 반죽을 돌려가며 밀면 균일한 두께로 만들기 쉽다.

8. 팬에 깔기

위쪽 랩을 벗기고 반죽을 뒤집어 팬 위에 뒤집어씌운다.

【 재료 】 지름 18cm의 타르트 팬 1개 분량

◎ 오일 파이 반죽

A
박력분 … 100g
강력분 … 100g
설탕 … 1작은술
소금 … ⅓작은술
베이킹파우더 … ⅓작은술

식물성 오일 … 50g
우유 … 4~5큰술

FILLING

B
냉동 블루베리 … 300g
수수설탕 … 50g
옥수수전분 … 2큰술
레몬즙 … 2작은술
시나몬파우더 … 약간

TOPPING

계란 푼 것 … 적당량

9.

반죽이 팬에 딱 붙도록 깔고, 반대쪽 랩도 벗긴다.

10.

반죽 테두리를 안쪽으로 집어 팬에서 1cm 높이만큼 나오게 한다.

11. 파이 속 채우기

볼에 **B**를 담아 섞고, 파이 반죽 위에 채운다.

12.

⅓ 등분의 반죽을 밀대로 밀어 4mm 두께로 펴고, 골라놓은 모양틀에 강력분(분량 외)을 발라서 찍어낸다.

13.

11의 위에 장식용 반죽을 올린다.

14.

장식용 반죽 위에 계란불을 바른다.
※ 블루베리에는 닿지 않도록, 솔을 톡톡 치듯이 반죽에만 바른다.

15. 굽기

190℃로 예열한 오븐에서 20분간 굽고, 180℃로 낮추어 30분간 더 굽는다. 팬째 식힌다.

16. 팬에서 분리하기

그릇 등을 아래에 받쳐 팬에서 분리한다.

※ 보관은 P.51 참조. 오일 반죽은 시간이 지나면 기름이 표면에 올라오고 딱딱해지므로 반죽 상태로는 보관할 수 없다.

호박 파이 (P.58)

따끈따끈, 포근한 호박 파이는 미국 추수감사절의 단골 메뉴.
크랜베리 장식이 파이를 한층 귀엽게 만들고
새콤함을 더해 맛에도 포인트가 됩니다.

【 재료 】 지름 18cm의 타르트 팬 1개 분량

◎ 버터 파이 반죽

A
무염버터 … 100g
박력분 … 75g
강력분 … 75g
설탕 … 2작은술
소금 … ½작은술
차가운 물 … 50~90㎖

FILLING

단호박 … 200g (정미)
무염버터 … 30g

B
계란 (M) … 1개
수수설탕 … 50g
우유 … 2큰술
옥수수전분 … 1큰술
시나몬파우더·카다몸파우더 … 각 적당량

TOPPING

계란 푼 것 … 적당량
크랜베리 … 적당량 (취향껏)
그래뉴당 … 적당량 (취향껏)

【 준비 】

· 파이 반죽용 버터는 1cm 크기로 잘라서,
  사용 직전까지 냉장고에 넣어둔다.

1 파이 반죽 만들기 : P.54의 **1~3**과 같이 파이 반죽을 만들고, 적당히 1:2로 나누어 랩에 싼다. ⅔ 등분의 반죽은 P.54~55의 **8~11**과 같이 성형하여 팬에 깔고, 테두리를 안쪽으로 접어 팬보다 1cm 높게 만든다. ⅓등분의 반죽은 밀대로 밀어 5mm 두께로 펴고 좋아하는 모양틀로 찍어낸다. 둘 다 냉장고에서 30분 이상 휴지한다.

2 파이 반죽 굽기 : 반죽의 바닥면에 포크로 구멍을 내고, 테두리는 알루미늄 포일로 감싼다. 200℃로 예열한 오븐에서 20분 굽고, 포일을 벗겨 10분 더 굽는다. 모양틀로 찍어낸 반죽에도 포크로 구멍을 내고 200℃에서 10분간 구워서 한 김 식힌다.

3 필링 만들기 : 단호박은 껍질과 속, 씨를 제거하고 적당한 크기로 자른다. 내열용기에 담아 랩을 느슨하게 씌우고, 600W의 전자레인지에서 3~4분, 대꼬치가 쑥 들어갈 정도로 익힌다. 뜨거울 때 체에 걸러 버터를 섞고, **B**를 넣어 잘 섞는다.

4 파이 속 채워 굽기 : **3**을 파이 반죽 속에 채운다. 장식용 파이 조각을 그 위에 올리고 계란물을 바른다. 180℃로 예열한 오븐에서 20분간 굽는다. 취향에 따라 그래뉴당을 묻힌 크랜베리를 올린다.

Memo

과정 **3**의 필링은 익힌 단호박, 버터, **B**를 푸드프로세서로 잘 갈아주어도 OK.

체리 파이 (P.59)

한 번은 만들어보고 싶었던 체크무늬의 체리 파이에 도전해보세요.
오일 반죽은 잘 늘어지지 않아 다루기 쉽습니다.
정성껏 순서대로 따라 하면 누구나 쉽게 만들 수 있습니다.

【 재료 】 지름 18cm의 타르트 팬 1개 분량

◎ **오일 파이 반죽**

A
- 박력분 ⋯ 140g
- 강력분 ⋯ 140g
- 설탕 ⋯ 1작은술
- 소금 ⋯ ½작은술
- 베이킹파우더 ⋯ ½작은술

식물성 오일 ⋯ 70g
우유 ⋯ 6~7큰술 (90~105㎖)

FILLING

다크 체리 (통조림) ⋯ 220g

B
- 다크 체리 통조림 즙 ⋯ 100㎖
- 설탕 ⋯ 60g
- 레몬즙 ⋯ 1큰술
- 키르슈 (P.78) ⋯ 1큰술

옥수수전분 ⋯ 2큰술

TOPPING

계란 푼 것 ⋯ 적당량

1 **필링 만들기 :** 냄비에 **B**를 담아 익히다가 설탕이 녹아 끓어오르면, 물 2큰술(분량 외)에 푼 옥수수전분을 섞는다. 다크 체리를 섞은 다음 식힌다.

2 **파이 반죽 만들고 속 채우기 :** P.56~57의 **1~9**와 같이 파이 반죽을 만들고, 반죽을 2등분하여 하나는 팬에 깔고 **1**로 속을 채운다.

3 **체크무늬 만들기 (a) :** 남은 반죽을 밀대로 밀어 20×30cm의 사각형으로 편 다음, 약 2×30cm 길이로 8개 만든다. 오븐 시트 위에서 가로, 세로로 교차하여 반죽을 짠다. 길이가 넘치는 부분은 자른다.

4 **파이 위에 씌우기 (b) :** **2**의 반죽 테두리에 계란물을 바르고, **3**을 씌워 꼼꼼하게 붙인다. 튀어나온 반죽은 칼이나 주방가위로 잘라낸다. 자른 반죽은 길쭉하게 펴서 꼬아 파이 가장자리에 두른다. 파이 반죽 부분에 계란물을 바른다.

5 **굽기 :** 190℃로 예열한 오븐에서 20분간 굽고, 180℃로 낮추어 30~40분간 더 굽는다.

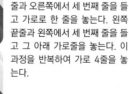

a : 체크무늬 만드는 법

세로로 4줄을 놓은 후, 오른쪽 끝줄과 오른쪽에서 세 번째 줄을 들고 가로로 한 줄을 놓는다. 왼쪽 끝줄과 왼쪽에서 세 번째 줄을 들고 그 아래 가로줄을 놓는다. 이 과정을 반복하여 가로 4줄을 놓는다.

b : 파이 위에 씌우는 법

필링을 채운 파이 위에 체크무늬 반죽을 살며시 들어서 올린다. 장식용 반죽과 팬에 깐 반죽이 만나는 곳을 꼼꼼하게 붙이고, 삐져나온 부분은 잘라낸다. 자른 반죽을 길쭉하게 펴서 팬 가장자리를 따라 올리고 손으로 누르며 모양을 잡는다.

바나나 캐러멜 크림 파이 (P.62)

캐러멜, 바나나, 초콜릿, 휘핑크림을 올려
볼륨 만점이지만 의외로 달지 않아
자꾸 손이 가는 파이입니다.

【 재료 】 지름 18cm의 타르트 팬 1개 분량

◎ 버터 파이 반죽

A
| 무염버터 … 65g |
| 박력분 … 50g   강력분 … 50g |
| 설탕 … 1작은술   소금 … ¼작은술 |

차가운 물 … 30~45㎖
판 초콜릿 (비터) … 50g

FILLING

◎ 커스터드 크림

계란 노른자 (M) … 2개 분량
박력분 … 25g   설탕…50g
우유 … 180㎖   바닐라빈 … ⅓개
무염버터 … 20g
럼주 (P.19) … 1큰술

◎ 캐러멜 크림 (만들기 좋은 분량)

설탕 … 100g
물 … 2작은술
생크림 … 100㎖

TOPPING

바나나 … 4개
생크림 … 100㎖
판 초콜릿 (비터) … 25g
가루설탕 … 약간 (취향껏)

【 준비 】

· 파이 반죽용 버터는 1cm 크기로 잘라서,
  사용 직전까지 냉장고에 넣어둔다.
· P.28의 내용대로 커스터드 크림을 만들어 식혀둔다.
· 캐러멜 크림용 생크림은 실온에 꺼내둔다.

Memo

남은 캐러멜 크림은 냉장고에서
1개월 정도 보관 가능하다. 빵에
발라먹어도 맛있다.

---

1 파이 반죽 만들기 : P.54의 **1~4**와 같이 파이 반죽을 만든다
(과정 **4**에서는 반죽을 둘로 나누지 않고 랩에 싼다). P.54~55의
8~11과 같이 성형하여 팬에 깔고, 테두리를 안쪽으로 접어
팬보다 1cm 높게 만든다. 냉장고에서 30분 이상 휴지한다.

2 파이 반죽 굽고 초콜릿 바르기 : 반죽의 바닥면에 포크로
구멍을 내고, 테두리는 알루미늄 포일로 감싼다. 200℃로
예열한 오븐에서 20분 굽고, 포일을 벗겨 10분 구운 다음,
180℃로 낮추어 20분 더 구워서 한 김 식힌다. 초콜릿은 잘
게 다져서 50℃의 물에서 중탕으로 녹인다. 반죽 안쪽에 초
콜릿을 발라 냉장고에서 굳힌다.

3 캐러멜 크림 만들기 : 냄비에 설탕과 물을 넣고 중불에서 흔
들어가며 설탕을 녹인다(**a**). 짙은 갈색이 나면 불을 끄고 생
크림을 섞어(**b**) 식힌다.

4 장식하기 : **2**에 **3**을 2큰술 넣고 골고루 편다. 바나나 2개를
1.5cm 두께로 잘라 깔고, 한 번 저은 커스터드 크림으로 파
이를 채운다. 볼에 생크림을 담고, 얼음물 위에 볼 바닥면을
올린 상태로 거품기로 젓는다. 거품기로 떴을 때 부드러운 뿔
이 생길 정도가 되면 파이 위에 올린다. 바나나 2개를 세로로
슬라이스하여 장식하고, 다진 초콜릿을 흩뿌린다. 취향에 따
라 가루설탕을 체에 치며 흩뿌린다.

a : 설탕을 녹일 때는 절대 휘젓
지 않는다. 냄비를 흔들어 전체적
으로 열기가 돌게 한다.

b : 완전히 갈색빛이 돌면 생크
림을 넣는다. 튈 수 있으니 화상
에 주의한다.

딸기 젤리 파이 (P.63)

딸기로 만든 보들보들한 젤리를 올린,
여름에 생각나는 파이. 그대로 먹어도 좋지만
아이스크림을 올려먹으면 더욱 맛있습니다.

【 재료 】 지름 18cm의 타르트 팬 1개 분량

◎ 오일 파이 반죽

A
- 박력분 … 70g
- 강력분 … 70g
- 설탕 … ½작은술
- 소금 … ¼작은술
- 베이킹파우더 … ¼작은술

식물성 오일 … 35g
우유 … 3~4큰술

FILLING

- 딸기 … 250g (정미 · 약 1팩 분량)
- 설탕 … 80g
- 레몬즙 … 1큰술

가루 젤라틴 … 7g
물 … 180㎖

TOPPING

바닐라 아이스크림 … 적당량

【 준비 】

· 딸기는 꼭지를 따고, 반으로 자른다 (가능하면 ¼로). 볼에
  설탕 80g, 레몬즙과 함께 살짝 버무려 30분간 두었다가,
  즙이 빠져나오면 다른 볼에 따로 담아둔다(**a**).

1 파이 반죽 만들어 굽기 : P.56~57의 **1~10**과 같이 파이 반죽을 만들어 팬에 깐다 (과정 **5**에서는 반죽을 둘로 나누지 않고 랩에 싼다). 반죽의 바닥면에 포크로 구멍을 내고, 테두리는 알루미늄 포일로 감싼다. 190℃로 예열한 오븐에서 20분 굽고, 포일을 벗겨 180℃에서 20분 더 구워서 한 김 식힌다.

2 젤리 만들기 : 가루 젤라틴은 물 1½큰술(분량 외)을 넣어 불린다. 냄비에 물과 딸기 즙을 넣고 익히다가 끓어오르면, 불을 끄고 불려놓은 가루 젤라틴을 넣어서 녹인다. 딸기를 넣고 얼음물 위에 냄비 바닥을 올려서 한 김 식힌다. 용기에 옮겨 담고 냉장고에서 굳힌다.

3 장식하기 : **2**를 뭉개면서 파이 반죽 속을 채우고, 그 위에 바닐라 아이스크림을 올려 먹는다.

a : 딸기에 설탕을 뿌려두면 즙이 배어 나온다. 체에 걸러 과육과 즙을 분리해놓는다.

에그 타르트 (P.66)

포르투갈의 전통 과자에서 유래한 에그 타르트.
바삭한 식감과 농후한 필링에 누구에게나 사랑받는 파이입니다.

【 재료 】 지름 18cm의 타르트 팬 1개 분량

◎ 버터 파이 반죽

A
| 무염버터 … 65g
| 박력분 … 50g   강력분 … 50g
| 설탕 … 1작은술   소금 … ¼작은술
차가운 물 … 30~45㎖

FILLING

계란 노른자 (M) … 2개 분량
설탕 … 50g
무가당 연유 … 170g
옥수수전분 … 1큰술
무염버터 … 20g

TOPPING

무염버터 (녹인 것) … 10g

【 준비 】

· 파이 반죽용 버터는 1cm 크기로 잘라서,
  사용 직전까지 냉장고에 넣어둔다.

1 **파이 반죽 만들기** : P.54의 **1~4**와 같이 파이 반죽을 만든다 (과정 **4**에서는 반죽을 둘로 나누지 않고 랩에 싼다). P.54~55의 **8~11**과 같이 성형하여 팬에 깔고, 테두리를 안쪽으로 접어 팬보다 1cm 높게 만든다. 냉장고에서 30분 이상 휴지한다.

2 **파이 반죽 굽기** : 반죽의 바닥면에 포크로 구멍을 내고, 테두리는 알루미늄 포일로 감싼다. 200℃로 예열한 오븐에서 20분 굽고, 포일을 벗겨 180℃에서 10분 더 구워서 한 김 식힌다.

3 **필링 만들기** : 볼에 계란 노른자와 설탕을 담아 거품기로 잘 섞는다. 무가당 연유를 조금씩 넣어가며 섞다가 옥수수전분을 섞는다. 체에 걸러 작은 냄비에 옮겨 담고, 약불에서 저으며 익힌다. 걸쭉해지면 버터를 넣어 녹인다.

4 **파이 속 채워서 굽기** : **3**을 파이에 채우고, 윗면에 녹인 버터를 솔로 바른다. 230℃로 예열한 오븐에서 5분간, 색이 날 때까지 굽는다.

크림치즈 잼 미니 파이 (P.68)

부드러운 크림치즈와 새콤달콤한 잼을 감싼 미니 파이.
속을 너무 많이 넣으면 새어 나올 수 있으니 주의합니다.

【 재료 】 12개 분량

◎ 버터 파이 반죽 : 위 '에그 타르트' 참고

FILLING

크림치즈 … 48g
좋아하는 잼 … 6작은술

TOPPING

계란 푼 것 … 적당량
그래뉴당 … 적당량 (취향껏)

【 준비 】

· 위 '에그 타르트' 참고

1 **파이 반죽 만들기** : P.54의 **1~4**와 같이 파이 반죽을 만든다 (과정 **4**에서는 반죽을 둘로 나누지 않고 랩에 싼다).

2 **성형하기** : 작업대에 밀가루(강력분·분량 외)를 흩뿌리고, 밀대로 밀어 약 20×30cm 크기로 편 다음, 12등분한다. 반죽 한쪽 면에 계란물을 바르고, 가운데에 잼 ½작은술, 크림치즈 4g씩을 올린다. 반으로 접고 반죽 끝을 포크로 눌러 잘 붙인다. 포크로 몇 군데 공기구멍을 내고, 전체적으로 계란물을 바른다. 취향껏 그래뉴당을 뿌린다.

3 **굽기** : 200℃로 예열한 오븐에서 10분 굽고, 190℃로 낮추어 15~20분 더 굽는다.

너트 파이 (P.67)

미국의 대중적인 과자로, 단맛과 기름기를 줄여서 먹기 좋게 만들었습니다.
안티에이징 효과가 있는 너트를 넣어 몸에도 좋은 파이입니다.

【 재료 】 지름 18cm의 타르트 팬 1개 분량

◎ 오일 파이 반죽

A	박력분 … 70g 강력분 … 70g 설탕 … ½작은술 소금 … ¼작은술 베이킹파우더 … ¼작은술

식물성 오일 … 35g
우유 … 3~4큰술

FILLING

B	계란 (M) … 2개 수수설탕 … 40g 메이플 시럽 … 50g 식물성 오일 … 1큰술 옥수수전분 … 1큰술

좋아하는 너트류 (아몬드, 피스타치오, 피칸,
캐슈너트 등 구운 것으로 준비한다) … 130g

【 준비 】

· 토핑용 너트 50g을 따로 두고, 나머지는 잘게 다진다.

1 파이 반죽 만들어 굽기 : P.56~57의 **1~10**과 같이 파이 반죽을 만들어 팬에 깐다 (과정 **5**에서는 반죽을 둘로 나누지 않고 랩에 싼다). 반죽의 바닥면에 포크로 구멍을 내고, 테두리는 알루미늄 포일로 감싼다. 190℃로 예열한 오븐에서 20분 굽고, 포일을 벗겨 180℃에서 10분 더 구워서 한 김 식힌다.

2 필링 만들기 : 볼에 **B**를 담고 섞은 후, 다진 너트를 섞는다.

3 장식하기 : 파이 반죽 속에 **2**를 채우고, 그 위에 토핑용 너트로 장식한다. 170℃로 예열한 오븐에서 20분간 굽는다.

앙금 호두 미니 파이 (P.69)

앙금의 부드러운 달콤함에 호두의 식감과 고소한 풍미가 어우러집니다.
작게 만들면 집어먹기도 쉬워, 차에 곁들이기 딱 좋은 파이입니다.

【 재료 】 6개 분량

◎ 오일 파이 반죽 : 위 '너트 파이' 참고

FILLING

통팥 앙금 (시판 제품) … 120g
호두 (구운 것) … 30g

TOPPING

계란 푼 것 … 적당량

1 파이 반죽 만들어 굽기 : P.56의 **1~5**와 같이 파이 반죽을 만든다 (과정 **5**에서는 반죽을 둘로 나누지 않는다).

2 성형하기 : 랩 사이에 반죽을 끼우고, 밀대로 밀어 20×30cm로 편다. 랩을 벗기고 6등분하여 한쪽 면에 계란물을 바른다. 통팥 앙금에 잘게 다진 호두를 섞어 6등분하고, 반죽 위에 각각 올린다. 반으로 접고 반죽 끝을 포크로 눌러 잘 붙인다. 사선으로 칼집을 3개 넣고, 전체적으로 계란물을 바른다.

3 굽기 : 190℃로 예열한 오븐에서 10분, 180℃로 낮추어 10~15분간 더 굽는다.

■ *Butter* 더블 초콜릿 파이 (만드는 법 P.74)

더블 초콜릿 파이 (P.72)

코코아의 은은한 쓴맛이 나는 파이 반죽에 진한 초콜릿 필링을 채웠습니다.
커버춰 초콜릿(향이 좋고 입에서 잘 녹는 제과용 초콜릿)으로 만들어
한층 고급스러운 맛이 납니다.

【 재료 】지름 18cm의 타르트 팬 1개 분량

◎ 버터 파이 반죽

A
| 무염버터 … 65g |
| 박력분 … 40g |
| 강력분 … 40g |
| 코코아 … 10g |
| 설탕 … 1작은술 |
| 소금 … ¼작은술 |

차가운 물 … 25~50㎖

FILLING

생크림 … 130㎖
판 초콜릿 (비터) … 150g
꿀 … 2작은술
쿠앵트로 … 1작은술

TOPPING

코코아 … 적당량
식용꽃 … 적당량 (취향껏)
아르장• … 적당량 (취향껏)

【 준비 】

· 파이 반죽용 버터는 1cm 크기로 잘라서,
 사용 직전까지 냉장고에 넣어둔다.

• 아르장 (argent) : 일본식 발음으로 '아라잔'이라고도 함.
설탕과 녹말을 섞은 알갱이에 식용 은가루를 입힌 과자 장식.

1 파이 반죽 만들기 : P.54의 **1~4**와 같이 파이 반죽을 만든다 (과정 **4**에서는 반죽을 둘로 나누지 않고 랩에 싼다). P.54~55의 **8~11**과 같이 성형하여 팬에 깔고, 테두리를 안쪽으로 접어 팬보다 1cm 높게 만든다. 냉장고에서 30분 이상 휴지한다.

2 파이 반죽 굽기 : 반죽의 바닥면에 포크로 구멍을 내고, 테두리는 알루미늄 포일로 감싼다. 200℃로 예열한 오븐에서 20분 굽고, 포일을 벗겨 10분 구운 다음, 180℃로 낮추어 20분 더 구워서 한 김 식힌다.

3 필링 만들기 : 냄비에 생크림을 넣고 끓기 직전까지 데워서 불을 끈다. 잘게 다진 초콜릿과 꿀을 넣고 녹인다(초콜릿이 잘 녹지 않으면 불을 아주 약하게 켜서 녹인다). 쿠앵트로를 넣는다.

4 파이 속 채우고 식히기 : **3**을 파이 반죽 위에 채우고, 냉장고에서 식혀 굳힌다. 코코아를 체 치며 흩뿌리고, 취향에 따라 식용꽃과 아르장으로 장식한다.

Memo

쿠앵트로

오렌지로 만든 증류주. 오렌지로 만든 리큐어 '그랑 마르니에'보다 상쾌하고 가벼운 느낌의 술이다.

레몬 파이 (P.73)

바삭바삭한 파이 반죽에 새콤한 레몬 크림의 조합.
둘레를 따라 머랭을 짜주면, 왕관처럼 귀여운 파이가 완성됩니다.

【 재료 】 지름 18cm의 타르트 팬 1개 분량

◎ 오일 파이 반죽

A
- 박력분 … 70g
- 강력분 … 70g
- 설탕 … ½작은술
- 소금 … ¼작은술
- 베이킹파우더 … ¼작은술

식물성 오일 … 35g
우유 … 3~4근술

FILLING

◎ 레몬 크림

계란 노른자 (M) … 4개 분량
설탕 … 70g
박력분 … 40g
우유 … 180㎖
무염버터 … 30g
레몬즙 … 70㎖

TOPPING

계란 흰자 (M) … 1개 분량
가루설탕 … 30g
레몬즙 … ½작은술

1 **파이 반죽 만들어 굽기 :** P.56~57의 **1~10**과 같이 파이 반죽을 만들어 팬에 깐다 (과정 **5**에서는 반죽을 둘로 나누지 않고 랩에 싼다). 반죽의 바닥면에 포크로 구멍을 내고, 테두리는 알루미늄 포일로 감싼다. 190℃로 예열한 오븐에서 20분 굽고, 포일을 벗겨 180℃에서 20분 더 구워서 한 김 식힌다.

2 **레몬 크림 만들기 :** 볼에 계란 노른자와 설탕을 담고, 거품기로 하얗게 될 때까지 젓다가 박력분을 섞는다. 작은 냄비에 우유를 담아 약불에서 데우다가 부글부글 끓기 시작하면 불을 끈다. 우유를 볼에 조금씩 부으며 섞고, 체에 거르며 다시 냄비에 옮겨 담는다. 다시 약불로 바닥을 잘 저으며 가열하다가 걸쭉해지면 30초간 더 젓고 불을 끈다. 버터를 넣어 녹이고 보관용기에 옮겨 담아 랩으로 잘 싸서 냉장고에서 식힌다. 볼에 옮겨 담아 매끈해질 때까지 잘 섞고, 레몬즙을 조금씩 넣으며 섞는다.

3 **장식하기 :** **2**를 파이 반죽 위에 채운다. 볼에 계란 흰자를 담아 거품을 내다가 뿔이 생기면(**a**) 가루설탕을 두 번에 나누어 넣고 잘 섞는다. 레몬즙을 섞어 머랭을 만든다. 둥근 깍지를 넣은 짤주머니에 머랭을 담고 테두리를 따라 짠다. 250℃로 예열한 오븐에서 1분간 굽는다.

a : 거품기로 들어올려 뾰족하게 뿔이 솟으면 가루설탕을 넣고 더 저어준다.

하우피아 파이 (만드는 법 P.79) *Oil* 🜆 77

생 복숭아 파이 (P.76)

통조림 복숭아도 괜찮지만, 가능하면 생 복숭아로 즐겨보세요.
커스터드 크림과 사워크림의 새콤한 맛이 과일의 맛을 한층 끌어올려 줍니다.

【 재료 】 지름 18cm의 타르트 팬 1개 분량

◎ 버터 파이 반죽

A
| 무염버터 ··· 65g
| 박력분 ··· 50g
| 강력분 ··· 50g
| 설탕 ··· 1작은술
| 소금 ··· ¼작은술

차가운 물 ··· 30~45㎖

FILLING

◎ 커스터드 크림

계란 노른자 (M) ··· 2개 분량
설탕 ··· 50g
박력분 ··· 40g
바닐라빈 ··· ⅓개
우유 ··· 180㎖
무염버터 ··· 20g
키르슈 ··· 1큰술
사워크림 ··· 90~100g (1팩)

TOPPING

백도 ··· 2개
커런트 ··· 적당량 (취향껏)
나파주 (P.95) ··· 적당량
물 ··· 적당량 (나파주 희석용)
민트 ··· 적당량 (취향껏)

【 준비 】

· 파이 반죽용 버터는 1cm 크기로 잘라서,
  사용 직전까지 냉장고에 넣어둔다.
· P.28의 내용을 참고하여 커스터드 크림을 만들고
  냉장고에서 식힌다(럼주 대신 키르슈를 넣는다).

1 파이 반죽 만들기 : P.54의 **1~4**와 같이 파이 반죽을 만든다 (과정 **4**에서는 반죽을 둘로 나누지 않고 랩에 싼다). P.54~55의 **8~11**과 같이 성형하여 팬에 깔고, 테두리를 안쪽으로 접어 팬보다 1cm 높게 만든다. 냉장고에서 30분 이상 휴지한다.

2 파이 반죽 굽기 : 반죽의 바닥면에 포크로 구멍을 내고, 테두리는 알루미늄 포일로 감싼다. 200℃로 예열한 오븐에서 20분 굽고, 포일을 벗겨 10분 구운 다음, 180℃로 낮추어 20분 더 구워서 한 김 식힌다.

3 크림 만들어 파이 속 채우기 : 커스터드 크림을 볼에 담아 매끄럽게 섞고, 사워크림을 넣어 다시 잘 섞는다. 파이 반죽 위에 채운다.

4 장식하기 : 껍질을 벗겨 반달 모양으로 썬 백도를 올리고, 커런트로 장식한다. 나파주와 물을 작은 냄비에 담아서 가열하다가 다 녹으면 70℃로 식혀서 솔로 바른다(P.32**b**). 취향껏 민트로 장식한다.

> **Memo**
>
> **키르슈**
> 체리로 만든 증류주. 특유의 우아한 풍미가 과일이 들어간 과자류와 궁합이 좋다.

백도는 쉽게 변색하므로
먹기 직전에 올리는 것이 좋다.

하우피아 파이 (P.77)

하우피아는 코코넛밀크를 전분으로 굳힌 하와이의 디저트입니다.
코코넛과 초콜릿의 두 개 층으로 된 크림의 보들보들한 식감을 즐겨보세요.

【 재료 】 지름 18cm의 타르트 팬 1개 분량

◎ 오일 파이 반죽

A
- 박력분 … 70g
- 강력분 … 70g
- 설탕 … ½작은술
- 소금 … ¼작은술
- 베이킹파우더 … ¼작은술

식물성 오일 … 35g
우유 … 3~4큰술

FILLING

◎ 하우피아 크림

설탕 … 100g
옥수수전분 … 4큰술
우유 … 160㎖
코코넛밀크 … 400㎖
판 초콜릿 (비터) … 80g

TOPPING

생크림 … 100㎖
설탕 … ½작은술

1 **파이 반죽 만들어 굽기** : P.56~57의 **1~10**과 같이 파이 반죽을 만들어 팬에 깐다 (과정 **5**에서는 반죽을 둘로 나누지 않고 랩에 싼다). 반죽의 바닥면에 포크로 구멍을 내고, 테두리는 알루미늄 포일로 감싼다. 190℃로 예열한 오븐에서 20분 굽고, 포일을 벗겨 180℃에서 20분 더 구워서 한 김 식힌다.

2 **하우피아 크림 만들기** : 냄비에 설탕, 옥수수전분을 담아 섞고, 우유와 코코넛밀크를 조금씩 넣어가며 섞는다. 중불에서 저으며 가열하다가 걸쭉해지면 반을 볼에 나누어 담는다. 냄비에 남은 크림에 초콜릿을 넣고 젓는다.

3 **파이 속 채우기** : **2**의 냄비에 있는 크림을 파이 반죽 위에 채운다. 볼에 따로 담아둔 크림을 그 위에 올리고 한 김 식힌 후, 냉장고에서 굳힌다.

4 **장식하기** : 볼에 생크림과 설탕을 담고, 얼음물 위에 볼 바닥면을 올린 상태로 거품기로 젓는다. 거품기로 떴을 때 부드러운 뿔이 생길 정도가 적당하다. 별 모양 깍지를 낀 짤주머니에 크림을 옮겨 담고 **3**의 위에 짠다.

마무리 장식으로
로즈메리나 핑크 페퍼를
곁들여도 좋다.

미트 포테이토 파이 (P.80)

다진 고기 아래 깔린 매시포테이토가 강한 열기를 차단하여
고기의 육즙이 남은 쥬시한 파이가 완성됩니다.
크리스마스 느낌을 살려 레드와 그린 향신료나 허브로 장식해보면 어떨까요?

【 재료 】 지름 18cm의 타르트 팬 1개 분량

◎ 버터 파이 반죽

A	무염버터 … 130g
	박력분 … 100g
	강력분 … 100g
	설탕 … 2작은술
	소금 … ½작은술
	차가운 물 … 50~90㎖

FILLING

양파 … ½개
샐러리 … ½줄기
식물성 오일 … 1작은술
다진 고기 … 150g
소금 … ¼작은술

B
| 계란 (M) … 1개
| 빵가루 … ½컵
| 너트메그 … 약간
| 간장 … ½작은술

감자 … 2개

C
| 버터 … 10g
| 우유 … 2큰술

【 준비 】

· 파이 반죽용 버터는 1cm 크기로 잘라서,
  사용 직전까지 냉장고에 넣어둔다.

1 파이 반죽 만들기 : P.54의 **1~4**와 같이 파이 반죽을 만든다.
P.54~55의 **8~11**과 같이 성형하여 팬에 깔고, 냉장고에서
30분 이상 휴지한다.

2 필링 만들기 : 양파와 샐러리는 잘게 다지고, 기름을 둘러 예
열한 프라이팬에서 약불로 볶는다. 어느 정도 부드러워지면
불을 끄고 식힌다. 볼에 다진 고기와 소금을 담아 잘 주무르
다가 볶은 양파와 샐러리, **B**를 넣고 잘 섞어서 냉장고에 넣
어 둔다. 감자는 한입 크기로 잘라 꼬치가 쑥 들어갈 때까지
삶고, 물기를 제거한 후 으깬다. 감자에 **C**를 넣고 섞는다.

3 파이 속 채우기 : **2**의 감자를 파이 위에 채우고, 다진 고기를
그 위에 올려 평평하게 만든다. 반죽 테두리에 계란물을 솔로
바른다. P.55의 **13~15**와 같이 냉장고에 넣어둔 파이 반죽
을 덮어씌우고 가장자리를 안쪽으로 접는다. 윗면에 계란물
을 바르고 칼집을 넣는다.

4 굽기 : 200℃로 예열한 오븐에서 30분 굽고, 180℃로 낮추
어 30~40분 더 굽는다.

롤 베지터블 파이 (P.81)

주키니 호박과 당근을 동글동글 말아서 화려하게 장식한 파이.
필링으로 허브와 크림치즈가 들어가서 술안주로도 좋습니다.
손님을 초대한 날, 또는 손님으로 방문하는 날에 잘 어울리는 파이입니다.

【 재료 】 지름 18cm의 타르트 팬 1개 분량

◎ 오일 파이 반죽

A
박력분 … 70g
강력분 … 70g
설탕 … ½작은술
소금 … ¼작은술
베이킹파우더 … ¼작은술

식물성 오일 … 35g
우유 … 3~4큰술

FILLING

크림치즈 … 100g
마요네즈 … 1½큰술

B
계란 (M) … 1개
레몬즙 … ½큰술
옥수수전분 … 1큰술
말린 허브 (취향껏) … 1큰술

TOPPING

주키니 호박 … 2개 (녹색과 노란색으로 하나씩 준비하면 좋다)
당근 … 1개
올리브유 … 적당량

【 준비 】

· 크림치즈는 부드러워지도록 실온에 꺼내둔다.

1 파이 반죽 만들어 굽기 : P.56~57의 **1~10**과 같이 파이 반죽을 만들어 팬에 깐다 (과정 **5**에서는 반죽을 둘로 나누지 않고 랩에 싼다). 반죽의 바닥면에 포크로 구멍을 내고, 테두리는 알루미늄 포일로 감싼다. 190℃로 예열한 오븐에서 20분 굽고, 포일을 벗겨 180℃에서 10분 더 구워서 한 김 식힌다.

2 필링 만들어 파이 속 채우기 : 볼에 크림치즈를 담아 매끄러워질 때까지 으깨다가, 마요네즈를 넣고 거품기로 섞는다. **B**를 넣고 충분히 섞은 다음, 파이 위에 채운다.

3 장식하기 : 채소는 꼭지를 따고 통째로 필러 (또는 식칼)로 얇게 슬라이스한다. 채소별로 내열용기에 담아 랩을 씌우고 600W의 전자레인지에서 2~3분 가열한 후 잠시 두어 식힌다. 동글동글 말아서(**a**) **2**에 꽂고, 올리브유를 솔로 바른다.

4 굽기 : 170℃로 예열한 오븐에서 30~40분간 굽는다.

a : 채소는 전자레인지에서 미리 익히면 부드러워져서 잘 말린다. 가열시간은 상태를 보아가며 조절한다.

베이컨 시금치 키슈 (P.84)

파이 반죽을 이용해 브런치나 간식으로 즐기기 좋은 키슈를 만들어보았습니다.
베이컨과 시금치의 조합은 누구에게나 인기 만점이지요.

【 재료 】 지름 18cm의 타르트 팬 1개 분량

◎ 버터 파이 반죽

A
┃ 무염버터 … 65g
┃ 박력분 … 50g   강력분 … 50g
┃ 설탕 … 1작은술   소금 … ¼작은술
차가운 물 … 30~45㎖

FILLING

베이컨 … 2장
데친 시금치 (물기를 꼭 짠 것) … 100g (약 ⅔다발)
버터 … 10g
계란 (M) … 1개
우유 … 80㎖
피자용 치즈 … 50g

【 준비 】

· 파이 반죽용 버터는 1cm 크기로 잘라서,
  사용 직전까지 냉장고에 넣어둔다.

1 파이 반죽 만들어 굽기 : P.54의 **1~4**와 같이 파이 반죽을 만든다(과정 **4**에서는 반죽을 둘로 나누지 않고 랩에 싼다). P.54~55의 **8~11**과 같이 성형하여 팬에 깔고, 가장자리를 안쪽으로 접어 팬보다 1cm 높게 만든다. 냉장고에서 30분 이상 휴지한다. 반죽의 바닥면에 포크로 구멍을 내고, 테두리는 알루미늄 포일로 감싼다. 200℃로 예열한 오븐에서 20분 굽고, 포일을 벗겨 10분 더 구워서 한 김 식힌다.

2 필링 만들어 파이 속 채우기 : 시금치는 3cm 길이로, 베이컨은 2cm 폭으로 자른다. 버터를 녹인 프라이팬에서 시금치와 베이컨이 부드러워지게 볶아 파이 반죽 위에 채운다. 풀어놓은 계란에 우유를 섞고, 체에 거르며 반죽에 흘려 넣는다. 그 위에 치즈를 올린다.

3 굽기 : 180℃로 예열한 오븐에서 30분간 굽는다.

미니 카레 파이 (P.86)

카레가 조금 남았을 때 꼭 만들어보세요.
카레는 수분이 적어야 좋습니다. 맥주 안주로 딱이지요.

【 재료 】 6개 분량

◎ 버터 파이 반죽

A
┃ 무염버터 … 100g
┃ 박력분 … 60g   강력분 … 60g
┃ 설탕 … ½큰술   소금 … ¼작은술
차가운 물 … 25~50㎖

FILLING   **TOPPING**

카레 … 6작은술   계란 푼 것 … 적당량

【 준비 】

· 위 '베이컨 시금치 키슈' 참고

1 파이 반죽 만들기 : P.54의 **1~4**와 같이 파이 반죽을 만든다 (과정 **4**에서는 반죽을 둘로 나누지 않고 랩에 싼다).

2 성형하기 : 작업대에 밀가루(강력분·분량 외)를 흩뿌리고, 밀대로 약 20×30cm 크기로 밀어 6등분한다. 반죽의 한쪽면에 계란물을 바르고, 카레를 1작은술씩 올린다. 삼각형이 되도록 반으로 접고 반죽 끝을 포크로 눌러 잘 붙인다. 포크로 몇 군데 공기구멍을 내고, 전체적으로 계란물을 바른다.

3 굽기 : 200℃로 예열한 오븐에서 10분, 190℃로 낮추어 15~20분 더 굽는다.

양파 미니 파이 (P.85)

두툼하게 슬라이스한 양파를 푹 구워서 단맛을 끌어냅니다.
양파의 단면이 보이게 네 모서리를 살짝 접으면 귀여운 모습의 파이가 완성.

【 재료 】 6개 분량
◎ 오일 파이 반죽
A
  박력분 … 70g
  강력분 … 70g
  설탕 … ½ 작은술
  소금 … ¼ 작은술
  베이킹파우더 … ¼ 작은술
식물성 오일 … 35g
우유 … 3~4큰술

FILLING
양파 … 1개
올리브유 · 소금 … 각 적당량

TOPPING
계란 푼 것 … 적당량

【 준비 】
· 양파는 1.5cm 두께로 슬라이스하고, 오븐 시트를 깐
  철판에 늘어놓는다. 올리브유와 소금을 뿌리고,
  200℃로 예열한 오븐에서 15~20분간 구워 식힌다.

1 **파이 반죽 만들기 :** P.56의 **1~5**와 같이 파이 반죽을 만든다
(과정 **5**에서는 반죽을 둘로 나누지 않고 랩에 싼다).

2 **성형하기 :** 랩 사이에 싼 반죽을 밀대로 밀어 약 20×30cm
크기로 편다. 랩을 벗기고 6등분한다. 반죽의 한쪽 면에 계란
물을 바르고, 한가운데 양파를 올린다. 네 모서리를 안쪽으
로 접는다. 접혀서 위로 올라온 부분에도 계란물을 바른다.

3 **굽기 :** 190℃로 예열한 오븐에서 10분간 굽고, 180℃로 낮
추어 10~20분간 더 굽는다.

미니 소시지 파이 (P.87)

어른 아이 할 것 없이 두루 좋아하는 소시지를 파이에 넣었습니다.
한입 크기라서 먹기 좋고, 아침 식사나 출출할 때도 안성맞춤!

【 재료 】 12개 분량
◎ 오일 파이 반죽
A
  박력분 … 70g   강력분 … 70g
  설탕 … ½ 작은술   소금 … ¼ 작은술
  베이킹파우더 … ¼ 작은술
식물성 오일 … 35g
우유 … 3~4큰술

FILLING
소시지 … 12개

TOPPING
계란 푼 것 … 적당량

1 **파이 반죽 만들기 :** P.56의 **1~5**와 같이 파이 반죽을 만든다
(과정 **5**에서는 반죽을 둘로 나누지 않고 랩에 싼다).

2 **성형하기 :** 랩에 싼 반죽을 밀대로 밀어 약 20×30cm 크기
로 편다. 랩을 벗기고 12등분한다. 반죽의 한쪽 면에 계란물
을 바르고, 한가운데 소시지를 올린다. 반으로 접고 반죽 끝
을 포크로 눌러 잘 붙인다. 칼집을 4줄 넣고, 전체적으로 계
란물을 바른다.

3 **굽기 :** 190℃로 예열한 오븐에서 10분간 굽고, 180℃로 낮
추어 10~15분간 더 굽는다.

기본 재료

타르트와 파이 만들기에 필요한 주요 재료를 소개합니다.
만들고 싶은 반죽에 따라 버터 혹은 오일을 선택하세요.
상세한 재료 설명은 P.92~95에도 실려 있습니다.

무염버터

파이, 타르트 반죽, 아몬드 크림 등을 만들 때 쓰인다. 소금이 들어가 있지 않은 무염버터 중에서 고르고, 취향에 따라 발효버터를 사용하면 더욱 풍부한 맛을 즐길 수 있다.

오일

반죽 만들 때 사용한다. 식물의 씨앗, 과일에서 짜낸 식물성 오일을 사용한다. 오일마다 향과 맛이 다르므로 올리브유, 카놀라유 등 식용유 중에서 고른다.

박력분

반죽, 아몬드 크림에 사용한다. 강력분보다 글루텐 함유량이 적어 부드럽고 결이 고운 반죽이 나온다. 일반 슈퍼마켓에서 손쉽게 구할 수 있는 것을 사용한다.

강력분

파이 반죽 만들 때 박력분과 같이 써서 묵직함을 더할 때 사용한다. 가루가 바슬바슬해서 반죽이 작업대에 들러붙지 않게 흩뿌리는 용도로도 좋다. 일반 슈퍼마켓에서 손쉽게 구할 수 있는 것을 사용한다.

베이킹파우더

제과, 제빵용 팽창제. 파이용 오일 반죽에 조금 넣어 반죽이 부푸는 데 도움을 준다. 알루미늄(백반)이 들어가 있지 않은 제품으로 선택한다.

설탕

특정 제품을 지정한 레시피 외에는 마음대로 골라서 써도 된다. 그래뉴당, 수수설탕, 정백당, 가루설탕 등 종류에 따라 구웠을 때의 색과 풍미가 달라진다.

소금

타르트, 파이에 조금 넣어서 단맛을 끌어올린다. 밀가루에 섞으면 글루텐의 작용을 도와 반죽이 잘 완성된다. 취향에 따라 고른다.

계란

이 책에서는 M사이즈를 사용했다. 버터를 넣은 타르트 반죽과 아몬드 크림에 들어간다. 미리 풀어놓았다가 굽기 전 반죽에 바를 때도 쓴다. 신선한 것으로 고르자.

플레인 요구르트

무당 타입을 사용한다. 오일 타르트 반죽에 어울리는 아몬드 크림이나 필링에 쓰인다. 상큼한 산미와 감칠맛을 낸다. 물기를 제거하면 매끄러운 크림처럼 된다.

아몬드파우더

아몬드를 분말로 만든 것. 타르트 반죽, 아몬드 크림에 사용한다. 특히 오일 반죽에서 중요한 맛을 낸다. 너트의 단맛과 향이 더해져 맛이 깊어진다.

기본 도구

타르트와 파이 만들기에 필요한 주요 도구를 소개합니다.
특별한 도구 없이, 집에 있는 것으로 충분해요.
쓰기 편한 것으로 골라보세요.

볼

반죽, 아몬드 크림 만들 때 필요하다. 크고 작은 두 종류의 볼을 준비하는 것이 좋다. 이 책에서는 지름 23cm와 18cm를 사용했다.

밀대·작업대

반죽을 밀 때 사용한다. 두툼한 밀대가 무게감이 있어 반죽이 더 잘 펴진다. 이 책에서는 길이 40cm, 지름 4cm 제품을 사용했다. 작업대가 없으면 깨끗한 테이블 위에서 작업해도 된다.

전자저울

1g 단위까지 정확히 계량할 수 있는 전자저울은 제과·제빵에 빠질 수 없다. 용기의 무게를 빼고 계산하는 기능이 있는 것이 편리하다.

계량스푼·컵

소량을 잴 때는 스푼을 이용한다. 가루 재료를 넉넉히 퍼서 표면을 평평하게 깎는다. 계량 컵은 수분 재료를 잴 때 쓴다. 계량할 때는 평평한 곳에 놓고 쓰자.

체

손잡이 달린 체는 재료를 거를 때뿐만 아니라 가루 재료를 흩뿌릴 때도 쓴다. 체가 너무 고운 것은 보관, 손질이 어렵다.

타르트 팬

이 책에서는 지름 18cm의 타르트 팬을 사용했다. 타르트를 빼내기 쉽게, 바닥이 분리되는 타입을 고른다. 사용 직전에 버터나 오일을 얇게 바르면 반죽이 들러붙지 않는다.

거품기

재료를 섞을 때 사용한다. 재료 속 덩어리를 으깨거나, 공기를 머금어 부풀게 하는 역할도 한다. 볼 크기에 맞춰 쓰기 편한 크기, 손잡이가 있는 것으로 고른다.

고무 주걱

버터를 으깨거나 반죽을 섞을 때, 볼 속 재료를 깨끗이 긁어낼 때 쓴다. 필링, 소스 등을 가열할 때도 쓸 수 있는 내열 제품으로 고른다.

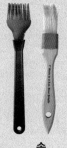

솔

반죽에 계란물을 바르거나 광택을 내는 살구 잼, 꿀을 바를 때 쓴다. 기름기 있는 것을 바를 때는 실리콘 제품이 편리하다.

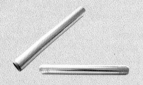

랩·알루미늄 포일

랩은 반죽을 펴거나 휴지할 때 쓴다. 포일로 타르트 반죽을 구울 때 반죽 가장자리를 감싸면 타르트 스톤 없이도 반죽을 깔끔하게 구워낼 수 있다.

재료 선정 포인트

무염 발효버터

카놀라유

홍화씨유

다이하쿠 참기름

올리브유

무염버터

포도씨유

샐러드유

Butter, Oil
버터, 오일

과자에 기름기와 감칠맛을 더합니다. 버터는 반죽 속에 공기를 머금게 하고 글루텐 성분을 억누르는 작용도 해서, 반죽을 촉촉하게 하거나 부풀리거나, 아삭한 식감을 내거나 층을 만들 때 씁니다. 오일을 사용하면 가볍고 바삭한 식감의 반죽이 됩니다.

버터

버터를 사용할 때는 온도 관리가 중요하다. 버터는 녹으면 성질이 변해버려서 다시 굳힌다고 해도 원래대로 돌아가지 않는다. 타르트 반죽에서 버터를 크림처럼 쓸 때는 너무 부드러워지지 않도록 주의하고, 파이 반죽에서는 버터가 녹지 않도록 냉장고에서 굳혀가며 작업해야 한다.

【 발효버터 】 유산균으로 발효한 것. 일반적인 버터보다 다소 비싸지만 과자를 구웠을 때 특유의 향이 남아서 더욱 풍부한 맛이 난다. 제품별로 향과 향의 강약이 다르므로 마음에 드는 버터를 찾아보는 것도 재미있다.

【 무염버터 】 베이킹에서는 보통 무염버터를 사용한다. 가염버터에는 1.5% 정도의 소금이 함유되어 있어 짠맛이 과자의 맛과 향을 해치기 쉽다.
· 타르트 반죽 ⇒ 가염버터는 짠맛이 거슬리므로 반드시 무염버터를 사용한다.

· 파이 반죽 ⇒ 대체로 짠맛이 있는 음식이므로 가염버터로 대체하고 소금을 줄여서 만들 수 있다.

오일

식물의 씨앗, 과실에서 나온 식물성 오일을 사용한다. 오일마다 향과 맛이 다르므로 자신이 좋아하는 것으로 고른다.

【 카놀라유 】 유채 씨앗에서 짠 기름. 호박색을 띠며 향과 풍미가 있다.

【 다이하쿠 참기름 】 볶지 않은 깨를 짜서 무색투명하다. 우아한 맛이 난다.

【 포도씨유 】 포도의 씨앗에서 짠 기름. 옅은 황록색에 깔끔한 맛이다.

【 홍화씨유 】 홍화 씨앗에서 짠 기름. 투명하고 담백한 맛이 난다.

【 올리브유 】 신선한 엑스트라 버진 올리브오일을 추천한다. 특유의 산뜻한 맛이 난다.

【 샐러드유 】 대두나 유채, 옥수수 등이 원료인 식용유. 옅은 색을 띠며 도드라지는 맛이 없다.

강력분
박력분
참깨 간 것
말차
허브
코코아
전립분
아몬드파우더
찻잎

Powder ingredients
가루 재료

밀가루의 주성분은 단백질과 전분. 그 성질을 활용하면 폭신폭신, 바삭바삭, 뽀득뽀득, 쫀득쫀득한 다양한 식감을 만들어낼 수 있고, 크림처럼 걸쭉한 끈기를 낼 수도 있습니다. 과자를 만들 때 바탕이 되는 것은 박력분이지만 다른 종류의 밀가루나 다른 재료를 섞어서 다양한 향과 식감을 만들 수 있습니다.

기본적인 밀가루

밀가루는 글루텐 함유량에 따라 강력분, 중력분, 박력분 등으로 나뉘며, 용도와 원하는 식감에 따라 골라 쓴다. 개봉한 밀가루는 산화가 시작되므로 오래 방치하면 덩어리지기 쉽고, 잡냄새가 나기도 한다. 특히 여름철에는 냉장 보관하고, 개봉 후 1개월 안에 되도록 빨리 사용한다.

【 박력분 】글루텐 함유량이 적어 끈기가 잘 생기지 않는다. 바삭하거나 부드러운 식감을 내는 데 적합하다.

【 강력분 】글루텐 함유량이 많아 끈기가 잘 생긴다. 묵직하고 성긴 느낌의 식감이 난다.

【 아몬드파우더 】아몬드로 만든 분말. 단맛과 향, 감칠맛이 있어서 과자의 맛을 끌어올린다.

배합 재료

기본적인 밀가루에 다양한 향과 맛을 더한다.

【 참깨 간 것 】타르트 반죽에 아몬드파우더 대신 넣으면 고소한 참깨 향이 난다. 종류에 따라 색도 달라진다.
⇒ 참깨 생강 타르트(P.17)

【 말차 】녹차를 가루로 만든 것. 덩어리지기 쉬우므로 사용 전에 반드시 체에 친다. 입자가 고와서 잘 흩날리므로 조심해서 사용한다. 열에 약하므로 개봉 후에는 반드시 냉장 보관한다.
⇒ 말차 밤 타르트(P.22)

【 코코아 】당분, 유지방분을 더한 가공 코코아가 아닌, 설탕 등 다른 재료가 첨가되어 있지 않은 것으로 고른다. 덩어리지기 쉬우므로 사용 전에 반드시 체에 친다.
⇒ 바나나 초콜릿 타르트(P.35), 피스타치오 초콜릿 타르트(P.46), 더블 초콜릿 파이(P.72)

【 전립분 】밀의 껍질, 배아, 배젖을 모두 가루로 만든 것. 다른 밀가루에 비해 영양가가 높고 독특한 풍미와 식감이 있다.
⇒ 스모어 타르트(P.27), 키라임 파이(P.47)

【 찻잎, 말린 허브 】찻잎은 잘게 다지거나, 티백 속의 다져져 있는 것이 쓰기 편하다. 취향에 따라 고르자.
⇒ 서양배 얼그레이 타르트(P.20), 롤 베지터블 파이(P.81)

수수설탕 　가루설탕

그래뉴당

정백당

물

두유 　아몬드 밀크

훼이 　우유

Sugar
설탕

설탕은 단맛을 낼 뿐만 아니라 다양한 역할을 하므로, 건강을 생각해 열량을 낮출 목적으로 양을 줄였다가 요리 자체가 잘못될 수도 있습니다. 종류에 따라 성질, 향, 색이 다르므로 취향에 따라 골라 써보세요.

【 수수설탕 】 정제도가 낮고 깊은 맛이 있으며 미네랄이 풍부하다. 특유의 맛이 거슬릴 수도 있지만 과자 종류에 따라서는 잘 어울리기도 한다. 오일을 사용한 소박한 반죽에 추천한다.

【 가루설탕 】 그래뉴당을 곱게 가루로 만든 것. 바삭한 식감의 과자에 어울리므로, 그런 느낌의 타르트 반죽에 추천한다.

【 그래뉴당 (미세 그래뉴당) 】 순도가 높고, 맛이 깔끔하다. 덩어리지지 않고 잘 녹는 미세 그래뉴당을 추천한다. 고온으로 가열하는 요리에는 순도가 높은 그래뉴당이 적합하다.

【 정백당 】 그래뉴당에 비해 요리가 촉촉하게 완성되며, 구웠을 때 색이 짙게 나온다. 바삭한 식감의 과자에 정백당을 쓰면 눅눅해지기 쉬우므로 잘 골라 써야 한다. 덩어리지기 쉽다.

Liquid ingredients
수분

오일 타르트 반죽, 파이 반죽에 더하는 수분 재료는 취향에 따라 아래에 적힌 것으로 대체해도 좋습니다(버터 파이를 만들 때는 다른 것으로 대체하지 말고 물을 사용한다). 계절, 습도에 따라 반죽 상태가 달라지므로 상태에 맞게 양을 조절합니다.

【 물 】 미네랄워터, 수돗물 모두 OK.

【 두유 】 대두의 영양이 가득 들어 있어 몸에 좋다. 취향에 따라 골라 쓰면 되지만, 무첨가 제품이 요리 재료의 맛을 유지하는 데 좋다.

【 아몬드 밀크 】 아몬드를 으깨어 짜낸 즙. 고영양, 고열량이다. 취향에 따라 골라 쓰면 되지만, 무첨가 제품이 요리 재료의 맛을 유지하는 데 좋다.

【 훼이 】 요구르트 위에 뜨는 수분. 요리에 넣으면 맛이 한층 좋아진다. 요구르트의 물기를 제거할 때 나온 것을 써도 된다.

【 우유 】 감칠맛이 있다. 취향에 따라 골라 쓰면 되지만, 무첨가 제품이 요리의 맛을 유지하는 데 좋다.

나파주 (비가열)

살구 잼

꿀

나파주
(가열·가루 타입)

나파추
(가열·젤리 타입)

Glossy ingredients
광택제

구워낸 타르트에 실구 젬, 꿀 등을 빌라 긴조를 믹고, 굉덱을 냅니다. 생과일 토핑이 올라간 요리에는 나파주를 사용합니다. 과일을 쌓아올릴 때 접착제 역할을 하고, 표면 건조를 막으며, 윤기를 더해서 타르트를 더 예뻐지게 하는 재료입니다.

나파주

무스나 바바로아(과일, 우유, 계란, 설탕, 젤라틴 등의 재료로 만들어 먹는 프랑스식 디저트)의 윤기 내기, 과일 접착제 등의 용도로 쓰며 제과 재료점에서 구입할 수 있다. 나파주를 바르면 순식간에 타르트 전문점의 느낌이 난다. 열을 가하거나 가하지 않는 것, 물을 섞거나 섞지 않는 것 등이 있어 용도에 따라 골라 쓴다.

【 가열하는 나파주 】 젤리 타입과 분말 타입 중 취향에 따라 고른다. 접착력이 강해서 과일을 듬뿍 올려 토핑할 때 쓴다. 적정 비율(제품 설명에 적힌 희석 방법에 따른다)로 물에 희석하여 가열하고, 녹인 후 70℃로 식혀서 쓴다. 가열하는 번거로움이 있지만 생과일을 꼼꼼히 고정하고 싶을 때는 이 나파주가 가장 좋다.

【 비가열 나파주 】 무스, 바바로아 등 열에 약한 과자류에 쓴디. 섞어서 바르면 되므로 사용이 편하고, 윤기가 잘 나서 예쁜 요리가 완성된다. 접착력이 약하므로 과일을 쌓아올리는 타르트에는 적합하지 않다.

살구 잼

옅은 오렌지 빛의 윤기가 돌아서 보기에도 좋고, 새콤달콤한 맛이 포인트가 된다. 일반 슈퍼마켓에서 판매되는 잼을 체에 걸러 쓰거나, 제과점에서 파는 광택용 살구 잼을 구입해도 된다. 냄비에 담아 가열하거나 전자레인지에서 가열하고, 살짝 부드러워졌을 때 사용한다. 약간의 물을 더해 펴 바르는 것도 좋다.

꿀

자연스러운 광택, 특유의 깊은 단맛이 난다. 사용하기 편하지만, 시간이 지날수록 재료에 흡수되어 윤기가 오래가지 않는다. 살구 잼과 마찬가지로 가열하여 살짝 부드러운 상태로 사용한다.

STAFF

디자인	福間優子
촬영	安彦幸枝
스타일링	池水陽子
취재	矢澤純子
어시스턴트	伊藤芽衣　梶山葉月　谷村淳子
	常井一秀　茂木惠実子　安本圭佑
편집	櫻岡美佳

재료제공	cuoca
	http://www.cuoca.com

팬 하나로 만드는 버터 vs 오일

파이와 타르트

펴낸날 | 2019년 6월 20일
지은이 | 후쿠다 준코
옮긴이 | 이소영
책임편집 | 이미선
펴낸곳 | 윌스타일
출판등록 | 제2019-000052호
전화 | 02-725-9597
팩스 | 02-725-0312
이메일 | willcompanybook@naver.com
ISBN | 979-11-85676-56-2　13590

* 잘못된 책은 구입하신 곳에서 바꿔드립니다.

이 도서의 국립중앙도서관 출판예정도서목록(CIP)은 서지정보유통지원시스템 홈페이지
(http://seoji.nl.go.kr)와 국가자료공동목록시스템(http://www.nl.go.kr/kolisnet)에서
이용하실 수 있습니다.(CIP제어번호: CIP2019021635)